食驗

煮義

克里斯丁&廚師漢克的創意廚房

讓你隨心所欲做出50道超美味料理

克里斯丁‧廚師漢克

——著

忠於你的味覺感受，就是最棒的料理

克里斯丁

如何認識這本書……

自從接觸料理至今，我深深感受到料理是無遠弗屆的。許多你認為「很難」做到的料理，其實只要稍微用點心思，似乎就不是那麼地遙不可及，甚至每個對料理有興趣的人都可以做得到！書中的每一道料理都是遵循著「誰都能做」的原則而設計的。不論你是日常上班上課、週末想搞點料理實驗、開烤肉派對或者是減肥餐……一定都可以在本書中挑選出合適的料理。

但有一個原則請各位切記：任何食譜都只是參考！與其嚴格地遵從食譜刻度，不如誠實而且順從地聆聽自己舌頭告訴你的感受。太甜、太鹹、太淡或者需要一點酸，美味的秘訣不在別處，就在你的舌尖上！看到我的食譜被你大肆修改，絕對是我最樂見的事，因為料理之路正是如此才能繼續無限寬廣下去。

書中食譜中的許多食材，幾乎都是天天能見到的食材，但如果有少數幾樣實在找不到，千萬別為此傷腦筋。相信我，我曾經為了找某個調味品耗掉一整天的時間，到後來才發覺根本是自尋煩惱。料理有趣的地方就是隨機應變，如果少了柳橙汁，就用檸檬汁加點蜂蜜代替吧！最原創的料理往往都是在這種情況下出現的。

盡情地享受美食帶給你愉快的旅程，就是最棒的料理態度。

關於我掛在嘴邊的「YouDoer」是……

一直以來，我都很嚮往美國的「66號公路」，一條筆直的雙向道路，或許就像《西方極樂園》裡面的Maeve所講的："You can be whoever the fxxk you want."它代表著自由，代表著每個人心中通往另一端的夢想。

在路途中，也許你會餓、會冷，當你暫緩腳步停下來休息片刻時，你不會希望吃到的是亞利桑那的響尾蛇，而是一份熱騰騰、充滿元氣的美式牛肉漢堡，上面有雙層起士加上8盎司牛肉。

希望有一天，我也能夠踏上屬於自己的公路旅行。而現在的我就可以用料理暫時跳脫煩悶的日常，讓靈魂奔馳在充滿象徵性的「66號公路」上！

食譜是死的，料理是活的

廚師漢克

「我，很喜歡做菜。」

這是我當初決定踏入餐飲業的原因，從英文老師到廚師，這一路走來，我幻想過很多事情，像是踏入偶像傑米・奧利佛（Jamie Oliver）的餐廳，進入米其林餐廳工作，到三星餐廳用餐……等等。但出書這件事，還真的沒出現在我的夢想清單內，直到Chris找到我，問我要不要合出一本食譜，我才意識到，天啊！我要出書了嗎？想來真是有趣啊！

寫這篇自序的時候我在大溪開的店裡，一邊開店一邊寫食譜真的是一種挑戰！畢竟寫作對我來說是一件必須專注的事，但在日常生活中，下了班其實就只想開瓶啤酒發呆一下，試圖讓自己抽離工作狀態，實在沒有太多時間培養寫作的情緒……

BUT！想到有人可以因為我的食譜或故事鼓起勇氣煮飯給家人、朋友或另一半吃的時候，我就整個人很期待！想說：「太好了！又有更多人明白做菜的魅力與食物的性感了！」這種感覺，是推著我寫完一篇又一篇食譜的動力。

雖說是食譜，但這本書對我來說不只是一本食譜。食譜往往是死的，只有數據與步驟，卻沒有教你如何判斷，因為每個人家裡的烤箱、烤爐和鍋子都不同，怎麼可能同一個食譜，大家都做出同樣的結果？所以我在書裡提供一些撇步提醒大家如何做判斷，或是因應不同狀況做調整。大家不妨留意這些小撇步，絕對能讓你在料理的探索過程中更輕鬆一些！

常常有很多人問我：「你平常工作都在煮飯，回到家還會想煮飯嗎？」答案是會的，只是簡單很多。像書裡介紹的松露醬油蛋拌飯就是我日常解饞的口袋料理之一，簡單搭配、不用過多烹調就能享有的美味，讓我能夠開開心心地做飯，而這也正是我愛上煮飯的原因。

Contents

第二單元

進階煮義

週末來點新挑戰！
在家就能做的超美味料理

第一單元

入門食驗

日常美食新生活！
誰都學得會的零失敗美食

Chapter1
飯麵主食

已經在美食界闖蕩超過二十年的電視名廚傑米・奧利佛（Jamie Oliver），一直是我視為啟蒙者的存在。因為看到他的YouTube頻道「FoodTube」（現已改名為Jamie Oliver），開啟了我對料理的興趣。療癒料理（Comfort Food）是他最拿手的「致命武器」，每次都讓我看了口水直流，恨不得把手機螢幕裡面的美食給吃進肚子裡。我認為傑米・奧利佛之所以能夠成為全世界家喻戶曉的廚師，並不是因為料理技巧多麼高超，或者是經常出現在電視節目，而是他非常懂得抓住一般料理愛好者的心。不論是《傑米15分鐘上菜》、《傑米奧利佛的簡單餐桌》，每本食譜書都是走平易近人的路線，幫助讀者用最不麻煩的方式享受料理。這就是當初吸引我的原因，這種「我也能夠做到」的心情，讓我決定親手去嘗試。也因此，我一頭栽進了FoodTube琳瑯滿目的影片之中，跟全世界上百萬喜歡傑米・奧利佛的人一樣，成為他的死忠粉絲。傑米・奧利佛最令我佩服的是在「控制兒童糖分攝取」這件事情上付出了不少心力。自從2010年他在著名的TED演講「給予孩童食品教育」中掀起了一場食物改革的風潮之後，他花了大量的時間，試圖改變英國與歐美地區兒童飲食教育缺乏、糖分攝取過多等問題。「糖稅」這個概念也在他的努力之下，得到當地政府的重視。儘管網路上有些人詬病他的食譜包含了一些高糖分的甜點、料理，批評他是說一套做一套，我的看法是，只要你是成年人或者青少年，都有決定自己吃什麼的權利。沒有人逼你天天光顧速食店，或者看到網路上有個超人氣的蛋糕食譜就非得天天吃，所以省點挑毛病的力氣吧！

——克里斯丁

培根蛋奶麵

所謂的培根蛋奶麵就是Carbonara，有趣的是，按照義大利人嚴格的規定來說，Carbonara裡頭有培根、有蛋，但是卻沒有奶！加了鮮奶油，其實是傳到其他國家後才開始的，好比台灣的刈包傳到國外後，呈現出來的樣貌跟傳統口味可是相差甚遠。Carbonara拆開來的話，其實就是蛋、醃製肉、起士、黑胡椒與麵的料理。蛋有很多種可以選，雞蛋、鴨蛋、鵪鶉蛋、鴕鳥蛋都行，甚至魚的卵都可以當作蛋使用，日本的明太子義大利麵就是這樣的做法。但是，要做出一盤令義大利人認可的Carbonara可不容易，要達到義大利人喜歡的濃稠感也很難掌握，所以流傳到其他國家時慢慢演變成加鮮奶油，讓這道菜更容易製作。不過真正的Carbonara吃起來滑順鹹香，搭配一杯冰涼的義大利白酒或是啤酒，可說是我在國外工作時期的療癒聖品啊！

| 食材 |

鹽 少許　　　　　　培根 50公克　　　　橄欖油 少許
蛋黃 2顆　　　　　　黑胡椒 少許　　　　帕瑪森起士 50公克
　　　　　　　　　　　　　　　　　　　義大利直麵 100公克

| 做法 |

① 將熱水煮滾後加入一大湯匙鹽，將麵條放進去煮。

② 準備不沾平底鍋，倒入少許橄欖油後，將切片的培根下鍋炒香。

③ 準備一個碗，將兩顆蛋黃打進去，接著加入40公克的帕瑪森起士與少許黑胡椒，用筷子攪拌均勻。

④ 待培根炒香後關火，檢查麵條的狀況。一般來說，乾燥義大利直麵的烹調時間約8～10分鐘，建議煮到7分鐘即可，保留麵條的Q彈。

⑤ 麵條煮好後，撈到已關火的平底鍋內，開大火，並加入一大湯匙的煮麵水，等到鍋裡的煮麵水沸騰後關火，將做法③加入平底鍋，同時不停地攪拌，待醬汁濃稠後再加入一大湯匙的煮麵水。

⑥ 攪拌的過程中，蛋黃與起士會與煮麵水融合，產生乳化反應，也就是醬汁都能完美地包覆在麵條上時，即可出鍋。撒上剩餘10公克的帕瑪森起士就可以享用了！

| 料理小撇步 |

1. 蛋黃是這道菜的靈魂啊！所以請在能力範圍內選用最好的蛋。
2. 帕瑪森起士無法用切達起士或其他起士取代。
3. 煮麵水是關鍵，如何讓麵條吃起來不乾硬，適時地加入煮麵水，能讓麵條保持滑順的口感。
4. 攪拌過程中切記不要開火，否則蛋就熟了！

═══ 橘肉鮮蝦燉飯 ═══

燉飯如何煮得好，真的是門很大的學問，在義大利餐廳上班時，身旁的義大利人雖然平時漫不經心的，但說起義大利麵跟燉飯時總是過分認真呢！起初的我不是很能理解這種反差很大的堅持。但吃過真正好吃的燉飯與義大利麵後，真的會對這兩種簡單的食物大大改觀，尤其當你得親手去做的時候。

那時在餐廳真的得上戰場煮給客人吃時，才發現自己不斷地被主廚打槍，說我的燉飯不行，太濕或是太乾，怎麼做都不對……直到後來休假時跑去義大利朋友家，讓他手把手教我怎麼煮，加上多次的練習，我才能煮出他們認可的燉飯啊！

| 食材 |

鹽　少許	高湯　600公克
橘子　1顆	白酒　150公克
蒜末　1顆	橄欖油　少許
羅勒　少許	黑胡椒　少許
蔥白　少許	洋蔥丁　50公克
蝦仁　80公克	燉飯米　200公克
奶油　50公克	帕瑪森起士　30公克

....

| 做法 |

① 準備一個厚底且帶有深度的炒鍋或是湯鍋，將一半的奶油與兩湯匙的橄欖油放進鍋子裡，待奶油融化且開始冒泡後，倒入洋蔥丁炒至透明且軟，再加入一點鹽巴調味。

② 同時將所有高湯放入另外一個湯鍋裡加熱至微微滾。

③ 洋蔥軟化之後，加入蒜末微微炒香，再倒入燉飯米，全程保持中大火，此時米粒會開始吸附油脂，並開始出現劈劈啪啪的聲音，代表米粒的生味已被帶走，此時維持大火，倒入白酒（選擇性），大火會讓酒精快速蒸發，但白酒裡美妙的香氣與酸味會留在飯裡。

④ 等酒精蒸發後（聞聞看，沒有酒味只有香味就是了！），倒入高湯，剛好蓋過飯即可，此時轉到中小火，拿支木湯匙開始慢慢攪拌你的燉飯，攪拌的用意是為了均勻的烹飪狀態與帶出米心中的澱粉（所以燉飯才會稠稠的很好吃！），這個過程約是10分鐘，過程中只要高湯被吸乾了，就隨時加高湯，保持高湯剛好蓋過米粒的狀態！

⑤ 可以利用這段時間處理其他配菜，把蔥白切一切、橘子肉取出來、羅勒切成絲，把蝦仁洗乾淨。

⑥ 10分鐘之後，米粒差不多是七分熟了，吃看看，米心會有一些硬，沒關係，這時候把你的蝦仁、橘子肉、蔥白與羅勒一起加進去，轉成小火，繼續攪拌，付出點愛與耐心給它，攪拌約1～2分鐘，蝦仁熟了，整體的狀態也很棒了！

⑦ 最後，加入剩下一半的奶油與橄欖油，還有別忘了帕瑪森起士。這時請注意，如果鍋中太乾了，別害怕，再補一點高湯進去，維持一個濕濕稠稠的狀態，這時關火、讓燉飯休息個1～2分鐘，讓飯整個融合在一起！

⑧ 等待的時間剛好能讓你準備碗盤與湯匙，並開罐白酒，之後就是裝盤享用啦！

│ 料理小撇步 │

1. 燉飯米對有些人來說或許不大好買，沒關係，台梗9號與11號都挺適合的！當然，不可能一模一樣，但是煮飯嘛，融會貫通一下！

2. 煮燉飯一定要加白酒嗎？我想這是很多人曾有過的疑問，一樣的，煮飯沒有一定規則，食譜是死的，人是活的！手邊剛好沒有白酒，不加也可以喔！（只是會少了些白酒的香氣與平衡澱粉的酸度！）

3. 燉飯好與壞的差別，重點就在米心熟度的控制與整體濕稠度的判斷，記得，好的燉飯裝在盤子上是會垮成一灘的，不是堆得起來的！煮得好的燉飯濕潤度就會剛剛好，所以裝盤後就會往一旁滑開，煮得太乾太稠的燉飯就會結成一整塊，吃起來口感也不會入口就化開！

· 克里斯丁 ·

══ 小太陽義大利麵 ══

會稱作小太陽的原因是這道料理用到「日曬番茄（Sun Dried Tomato）」，以及這是一道我很早期便自學學會並製作給我老婆（當時還是女友）吃的超簡單義大利麵。希望每個看到這份食譜的人都可以親自試一遍，做給你所珍惜的人。

| 食材 |

牛奶　1/2杯

橄欖油　少許

雞里肌肉　1片

皇宮菜葉　1把

切片大蒜　2顆

無鹽奶油　2湯匙

任何義大利麵　200公克

日曬風乾番茄　5～6片

| 做法 |

① 將義大利麵放入滾水中，加些鹽調味。

② 將雞里肌肉切成雞柳條狀，並以鹽與胡椒調味。

③ 將平底鍋預熱，放入一點點橄欖油與奶油，雞肉下鍋煎至金黃上色，過程中放入蒜片，以及切成細絲狀的日曬番茄炒香。

④ 當雞肉煎上色後，加入牛奶煮至微滾轉小火，放入皇宮菜緩慢攪拌直到青菜縮水。

⑤ 將義大利麵混入鍋中，保留一點煮麵水加進雞肉湯汁中攪拌均勻，確認調味即可盛盤。

| 料理小撇步 |

1. 如果想走一個超級療癒的罪惡路線，可以將牛奶換成鮮奶油（甚至高乳脂鮮奶油）。

2. 我喜歡將台灣當季的小番茄切半、淋上一點巴薩米克醋，放進烤箱，烤到些微上色飄香後做為風乾番茄的替代品，效果也非常不錯喔！

台味Carbonara

我想⋯⋯這道食譜肯定會讓義大利人生氣！還好我現在住在台灣，不然我的義大利朋友可能會想扁我，不過這道菜夠好吃，所以就讓我們默默做，默默吃吧！

說到Carbonara，也就是前面有說到的培根蛋奶麵，裡頭的元素很簡單，培根、蛋、起士與黑胡椒。培根提供了鹹香、蛋提供了柔滑的口感、起士提供了不同層次的鹹鮮，黑胡椒則是讓這麼多厚重的調味有刺激感，中和它們，而這幾樣東西都能在傳統市場裡找到替換的食材，培根可以用臘腸替代，蛋則選用最新鮮的蛋即可。至於起士，身為桃園大溪人的我馬上就想到豆腐乳！選用稍微帶點甜味的甜酒豆腐乳，可以中和臘腸的鹹味。

料理世界有趣的地方，就是同樣的理念，可以用不同地區的食材來呈現！所以啊，下廚有時是要懂得隨機應變的，食譜上買不到的食材，就找相近的替代吧！

| 食材 |

鹽 少許　　　　臘腸 50公克　　　橄欖油 少許　　　　　　義大利直麵 100公克

蛋黃 2顆　　　黑胡椒 少許　　　甜酒豆腐乳 25公克

| 做法 |

① 煮一鍋熱水加入鹽，待水滾後放入義大利麵攪拌一下。請注意，如果包裝指示煮8分鐘，請煮7分鐘就好，讓麵條稍微有點咬勁。

② 煮麵的同時，在平底鍋內加一點用來煎臘腸切片的橄欖油，並將臘腸煎至表面稍微金黃後關上火。

③ 在大碗裡加入豆腐乳、蛋黃與黑胡椒，用湯匙攪拌均勻後，冉加入三湯匙的煮麵水，這時要一邊攪拌一邊加入，不然滾燙的熱水會讓蛋變成炒蛋喔。

④ 麵差不多好時，拿一條試吃看看，吃起來有熟但仍略帶咬勁後撈起，放入煎臘腸的鍋子裡，並加入三湯匙的煮麵水後，開小火，快速攪拌。

⑤ 麵條都沾上煎臘腸的油之後，放進有豆腐乳與蛋黃的碗裡，再度快速攪拌一下。這時如果麵越攪拌越稠的話，就再加入煮麵水調整，直到拌出來的麵均勻沾上醬汁後，再視狀況撒上一點黑胡椒與蔥白，就完成了！

| 料理小撇步 |

1. 煮麵水在煮任何義大利麵時都是很重要的，請善用煮麵水喔！
2. 蛋黃若是選用鴨蛋，味道更濃郁。
3. 強力推薦選用辣味臘腸，風味絕佳。

· 廚師漢克 ·

松露醬油生蛋拌飯

首先，我必須說，這是道很簡單的菜，也是我想吃療癒食物時前三會想到的菜，簡單組裝就能上桌，與其說是食譜，不如說是一種慾望的展現！

TKG，是Tamago Kake Gohan的縮寫，也就是所謂的生蛋拌飯。剛煮好熱騰騰的白飯，中間挖個洞，滑進一顆橘黃亮麗又飽滿的有機蛋黃，接著淋上喜歡的醬油，趁熱的時候把它快速攪拌均勻後，大口大口地扒進嘴裡，絕對是熱愛蛋料理者的定番料理啊！

而比起原始版的TKG，之前有個廚師朋友把這食譜用松露給升級了！說實在的，這是少數我覺得加多少松露都無所謂的料理！除了蛋之外，這道菜所需的材料都是日常櫥櫃裡必備的，所以還等什麼，快去試試看吧！

┃ 食材 ┃

生蛋 4顆	松露醬 4小匙
蔥花 少許	無鹽奶油 20公克
辣油 4小匙	香菇素蠔油 2小匙
生米 300公克	

┃ 做法 ┃

① 煮一鍋稍微Q一點的飯。

② 把蛋黃與蛋白分開。

③ 將素蠔油與松露醬拌在一起。

④ 把飯盛起，中間挖個洞，放入蛋黃。

⑤ 淋上調好的松露醬，再淋上辣油，旁邊擺上一小塊奶油。

⑥ 最後撒上蔥花。

┃ 料理小撇步 ┃

1. 不敢吃生蛋的朋友，可以用溫泉蛋替代。

2. 這道食譜一定要用熱騰騰的飯，它會讓松露的香氣爆發開來。

· 克里斯丁 ·

══ 鑄鐵鍋炒飯 ══

我知道，在台灣每個人都會對炒飯應該是什麼樣子有極深的印象。這或許就跟義大利人很堅持義式培根蛋麵該是什麼樣子，或者披薩不能有鳳梨一樣的堅持。但一般家庭有時真的很難有足夠的瓦斯火力，或者夠力的中式炒鍋，這時一個蓄熱力強大、價格便宜的鑄鐵鍋就顯得非常好用，而且可以創造出介於韓式拌飯跟中式炒飯之間的奇妙料理，玩味十足！

| 食材 |

鹽 少許	青蔥 1根	隔夜飯 2碗	甜辣醬 2茶匙
香菇 4朵	胡椒 少許	牛肉絲 200公克	食用油 4湯匙
雞蛋 2顆	洋蔥 1/4顆	紅蘿蔔 1/4根	罐頭玉米 2湯匙
蛋黃 2顆	芝麻 1茶匙	淡醬油 1湯匙	

| 做法 |

① 將牛肉、紅蘿蔔、香菇、洋蔥切小丁，青蔥斜角切細備用。

② 把鑄鐵鍋用大火燒熱後加入一湯匙食用油，雞肉用鹽調味，煎至金黃起鍋備用。

③ 熱鍋中放入洋蔥炒至稍微上色後與飯一起炒香，翻至一旁，清出空間下蛋黃液，待蛋黃六成熟後與飯混合並持續攪拌。

④ 放入蔬菜拌炒一下，加入鹽調味，待食物炒熟以後，從鍋邊淋入醬油並持續翻炒，混合均勻後，撒上蔥花。

⑤ 起鍋前用另一平底鍋煎兩份太陽蛋，順勢鋪在炒飯上，炒飯可依照喜好決定是否將底部的飯煎出鍋巴。最後撒上甜辣醬、芝麻即完成。

| 料理小撇步 |

1. 這道炒飯介於石鍋拌飯跟傳統炒飯之間，口感非常奇妙，我第一次做時也不太習慣。但會想介紹這道菜就是想鼓勵大家嘗試平時不習慣的事物，而料理正是可以讓你沒有局限地去發揮的舞台。

2. 鍋巴是當米飯的水分被完全逼出以後，產生焦糖化時的黏稠物，味道非常香，口感也很脆。不過它容易沾鍋，所以平時要好好替鑄鐵鍋上油保養，才能避免刷鍋子時刷到手痛。

═ 日本媽媽的手作飯糰 ═

記得第一次到日本旅行時，很期待搭火車，因為終於能夠吃到魂牽夢縈的火車便當了！當時我在車站看到琳琅滿目的便當，和牛、螃蟹、鰻魚、燒賣……各種豪華便當應有盡有，正當我盤算著乾脆買兩個便當的時候，我看到了一旁的飯糰。

當時心想：「好吧！就來個便當加飯糰吧！」

買了飯糰與便當上車後，迫不及待地先拆開飯糰，觸感冰冷。想著放在室溫之下那麼久也該冷了，但拆開一吃，居然還有點溫溫的，甚至米飯黏稠、粒粒分明的口感都還在，這也太神奇了吧！回到台灣後，我便開始嘗試做飯糰，想要重現當時的感動。

當然，做飯糰首先米得選得好。台灣市售日本米品質真的沒話說，但做了點研究與考察後發現，台灣米其實超好吃的，尤其是花東一帶農會賣的米，喜歡吃米的你們絕對會喜歡！

| 食材 |

醋 15 公克　　　水 200 公克

糖 15 公克　　　鹽 少許

米 200 公克

| 做法 |

① 準備糖與醋1：1混合的水。

② 飯煮好後，把醋糖水均勻地淋在飯上，用飯匙輕輕撥開，讓所有的飯均勻沾上醋糖水，過程約1分鐘。等到蒸氣散得差不多，就可以取出開始捏飯糰。

③ 以醋糖水處理過的白飯晶瑩剔透且鬆軟，此時準備一碗冷生飲水，並在裡頭加一小搓鹽巴，攪拌均勻，當你每次捏飯糰前，雙手沾上一點鹽巴水，如此一來捏飯糰時不容易沾手，飯糰也能有基本的鹹味在！

④ 包好的飯糰用保鮮膜包住後，放在便當盒裡，在室溫下保存。這一點很重要，因為飯糰只要一放進冰箱就會不好吃了！

| 料理小撇步 |

1. 捏飯糰的力道得夠重，飯糰才會成型；動作輕巧，飯糰才不會硬邦邦的，這其中的道理，相信只要開始捏飯糰的時候就會明白了！

2. 用少量的醋糖水去拌飯，用意是在模仿醋飯，但用量少，你吃起來不會酸或甜，但卻能讓米飯有層保護膜似的，能達到鎖住水分與保有飯粒Q彈口感的絕佳效果！

3. 飯糰的配料，我個人很愛加魩仔魚，炒香脆之後加點山椒與檸檬皮，味道簡直神香！礙於環保，所以簡單地包一顆滷蛋在裡頭，或是已經滷得很透的豬五花，又或者是切碎的黃金泡菜、經典的肉鬆與菜脯，只要是方便包進去的、沒有太多稜角的食材都很適合！

· 廚師漢克 ·

══ 性感的法式吐司 ══

有固定在看廚師漢克粉專的你／妳們肯定都知道，我很喜歡「性感」這兩個字，在我心中，食物是可以很性感的，尤其是蛋！蛋的千變萬化有如女人的風情萬種，生的、熟的、煎、煮、炒、炸、烤、蒸、焗，甜的、鹹的都能做出美味料理，讓人愛不釋手！相信大家一定遇過這種情況，剛出爐的吐司很香就買了一整條，吃了兩天後發現吃不完，就這麼擺在桌上，吐司放了兩天後乾硬不堪，要吃也不想，丟掉也可惜。其實，這種吐司最適合和蛋一起拿來做法式吐司了，浸滿調味過的蛋液，再用奶油煎香就是一道表面酥香、內裡滑順的法式吐司，讓人吮指回味！

| 食材 |

蛋 2顆   奶油 30公克
糖 30公克   牛奶 200公克
蜂蜜 少許   吐司片 4片
起士 4片   花生粉 少許

| 做法 |

① 將吐司切成一半，切不切邊視個人喜好。
② 將蛋、糖與牛奶攪拌均勻後，將切好的吐司片充分浸入蛋液中。
③ 取一平底鍋，將奶油以中火加熱融化至焦糖香。
④ 將吐司下鍋煎約1分鐘後，把起士鋪在吐司上，用另外一片吐司蓋住，兩面煎香後出鍋，在上頭淋一點蜂蜜與花生粉即可享用。

| 料理小撇步 |

1. 起士片在這道料理中的角色相當重要，也是整道菜性感的重點，建議買切達起士片或任何加熱後可牽絲的起士！
2. 如果要讓這道菜更好吃，試著在做法②的時候，放進冰箱冷藏1～2個小時，讓吐司更入味。冷藏過的吐司在煎的時候特別軟、特別脆弱，要小心！
3. 蜂蜜與花生粉是額外點綴，要是家裡有冰淇淋，也可以挖一大球上去，包準吃的人會愛死你！

· 克里斯丁 ·

═ 韓式辣炒年糕 ═

韓式料理在台灣有非常大的一群死忠粉絲，想必多少有被韓劇影響到吧（哈哈）！
雖然說我自己比較少看韓劇，但是美味的韓式料理我可是絕對不會錯過的～
這道辣炒年糕食譜有我自己添加的小巧思在裡面，眼尖的朋友應該一眼就認出來
了，這就是我的「異國風情」版本啦！

│食材│

水 適量　　　　　醬油 1湯匙　　　　韓式辣椒粉 適量
糖 1茶匙　　　　甜不辣 適量　　　　韓式辣椒醬 2～3茶匙
青蔥 2根　　　　鵪鶉蛋 10～15顆　西班牙紅椒粉 適量
芝麻 適量　　　　條狀年糕 1包

│做法│

① 在鍋中放入水、年糕、醬油、糖、辣椒粉、辣椒醬及甜不辣，開火煮10分鐘，
　 將年糕煮軟。
② 年糕煮軟後，加入鵪鶉蛋以及青蔥段拌勻。
③ 盛盤後撒上芝麻，與一點點紅椒粉即可享用。

│料理小撇步│

這是一道做法簡單又溫暖人心的料理，只要掌握基本的湯底，任何食材都可以增添風味。
不妨延伸一下自己的創意，加入一些異國風味，相信會讓你的料理比別人更出色。

· 克里斯丁 ·

酥脆松露炸薯條

只要吃到好吃的薯條，心情就會莫名地雀躍起來，所以我堅持這本食譜書中一定要有簡單又好吃的炸薯條！今天不管熱量多寡了，讓我們好好地享受療癒系美食的罪惡，一口一口地享受它吧！

食材

鹽 適量	迷迭香 2枝
白醋 10毫升	馬鈴薯 3顆
松露油 1茶匙	

做法

① 將馬鈴薯切成大小一致的條狀，放入冷水洗去多餘澱粉後，再放進滾水中煮透至表層蓬鬆、有微微的細屑狀。

② 將薯條置於格狀鐵盤，冷藏至少2個小時，直到完全冷卻。否則會導致薯條成品太過油膩。

③ 將油鍋預熱至100到110度，放入薯條，用低溫油炸約6到8分鐘，起鍋時能感覺到薯條微微上色，表層逐漸形成一層薄膜。

④ 將薯條置於格狀鐵盤冷藏至完全冷卻，這個階段可以包裝起來冷凍，待需要時直接二次油炸。

⑤ 以200度油溫二次油炸約5分鐘，炸完後先放上網格盤瀝油靜置約30秒。

⑥ 將迷迭香放入油鍋中炸約10秒到酥脆、飄香。

⑦ 將薯條放入調理碗，撒上適量的鹽、噴上白醋，再撒上切碎的迷迭香，最後淋上松露油攪拌均勻。

料理小撇步

1. 薯條大小一致很重要，否則會導致烹煮時間不一致，影響到成品。我自己是喜歡切稍微大塊一點的薯條，這樣可以吃到外脆內軟的口感。

2. 可以自己決定是否去皮。兩種都有人愛，也沒有對錯。

3. 水煮時把馬鈴薯煮到還保有形狀，但快要散掉的交界點，這考驗功力跟經驗，多試幾次，用牙籤去測試熟度就能增加成功的機率。

Chapter2
肉類海鮮

我在倫敦工作時，曾在某間餐廳擔任甜點師傅，早上得負責烤麵包，這代表我得最早到餐廳（因為麵包要發酵），也代表我得最晚離開餐廳（因為甜點是最後一道菜，出完所有人的甜點才可以收拾站台），往往一天結束到家後都已經是凌晨一點半了！

那時的我就算到家，也不急著上床睡覺，因為從早到晚忙了十五個小時，腎上腺素還無法那麼快速退下來，所以我會從冰箱拿出一罐啤酒，打開電腦放段輕柔的爵士，發著呆，餓著肚子，卻不知道該吃什麼好……

「療癒食物」，就是吃了之後會感到身心靈滿足的食物。好比累了一整天下班到家後，誰想煮飯啊！我只想癱在沙發上，開瓶啤酒，也不急著喝，就這麼放著，腦中不禁幻想說……這時要是能有個人煮給我吃就好了！

雖然幻想歸幻想，我自己倒也想成為這樣的人，用我擅長的烹飪，成為療癒他人的存在。我最愛的作家Anthony Bourdain曾在他的書中提到一段話：「若是你能在一夜激情後的隔天早上，比你約會的對象或另一半早起一點，然後為她煎一份歐姆蛋，那肯定會是世界上最浪漫的一件事。」

我當時心想，「天啊，有天我一定要試試看這段話」帶著這份期待，在某次機會，我按照計畫早起，為當時的約會對象弄了一份歐姆蛋早餐……嗯……效果就好比把曼陀珠丟進可樂裡一樣強烈呢（笑）！

很多男生問我：「可是我不大會下廚耶，這樣也行嗎？」各位男性同胞啊，你笨拙的樣子往往也是最可愛的一面。還記得新垣結衣在日劇《月薪嬌妻》裡曾說過一句名言：「可愛才是最強的，以帥氣來說，如果看不到帥的地方，可能就會幻滅。但是，可愛的話，做什麼都是可愛的，在可愛的面前只有服從，全面投降！」

平常萬事OK的你若能在心儀的人面前笨拙一次，不失是個讓她看到你可愛一面的好時機喔！重點不在於會不會烹飪，而是有沒有把你的心意表達出來。所以，去做就對了！此外女們也別害臊，試著為心儀的男生下廚一次，相信很少男生會拒絕下廚的女生喔！

—— 廚師漢克

· 克里斯丁 ·

── 終極PB&J貓王漢堡 ──

據說花生醬＋香蕉做成的牛肉漢堡是已故的傳奇巨星貓王最愛的美食，這個謠傳許久的美食逸聞說真的早已難辨真偽，但確定的是這道料理的美味程度真的直逼貓王的經典歌曲！充滿美式風味的漢堡，甜鹹滋味的組合任誰都無法抗拒其吮指美味。

| 食材 |

鹽　適量　　　　　牛絞肉　約600公克　　切達起士片　2片

胡椒　適量　　　　花生醬　1湯匙　　　　任何口味果醬　1茶匙

香蕉　1根　　　　　漢堡麵包　2份

洋蔥　1/4顆　　　　厚切培根　4片

| 做法 |

① 將香蕉斜角切片，花生醬與果醬均勻混合。

② 洋蔥切絲，以中小火炒至深焦糖色備用。過程中，可以撒點糖幫助焦糖化。

③ 把牛絞肉捏壓成4份漢堡肉，撒上鹽與胡椒調味後，放入熱條紋烤盤，煎至表層酥脆上色，約6～7分鐘。

④ 煎牛肉的同時，鋪上培根片，煎至兩面酥脆，對半切開備用。

⑤ 漢堡肉快完成時，鋪上起士片，並用蓋子或碗罩著漢堡，幫助起士融化。融化後，將漢堡肉靜置約2分鐘。

⑥ 將麵包皮對半切開，放入烤盤烤至酥脆後抹上花生果醬，將漢堡組裝即大功告成。

| 料理小撇步 |

1. 沒有條紋烤盤也沒關係，用一般的平底鍋就可以，味道一樣好吃。

2. 有人會問：「焦化洋蔥有必要嗎？」有沒有這個步驟，成果差很多，請多做這一步吧！如果想要生洋蔥的爽脆，可以改用紅洋蔥。

3. 漢堡肉可以考慮是否要煮到全熟，若肉品來源乾淨的話可以試試看五到七分熟，口感更棒、更多汁！

· 克里斯丁 ·
══ 毒想起士漢堡 ══

有沒有曾在某天夜晚突然罪惡感興起，想要來場「獨享派對」？我相信任何人都有過這種感覺吧？這份「毒想」起士漢堡就是最適合跟你共度良夜的罪惡好夥伴。

| 食材 |

牛油　適量	楓糖漿　1/3茶匙	鹽與胡椒　適量
美乃滋　1茶匙	切達起士　1片	薄紅洋蔥圈　2片
番茄醬　1茶匙	漢堡麵包　1個	常溫牛絞肉　100公克

| 做法 |

① 取下牛排多餘的油脂，放入鑄鐵鍋中小火逼出牛油。

② 將牛油輕輕刷一層在鑄鐵鍋中，並將適量的油脂刷在切對半的漢堡麵包上並烤至金黃上色備用。

③ 把美乃滋、番茄醬、楓糖漿混合均勻成醬備用。

④ 鑄鐵鍋中強火預熱，把牛絞肉捏成比漢堡麵包稍大的漢堡排狀，撒上鹽與胡椒後直接上鑄鐵鍋煎至第一面金黃上色。

⑤ 將漢堡排翻面，放上切達起士。此時可以蓋上鍋蓋幫助起士融化，約2分鐘。

⑥ 取出煎好的漢堡排，放在容器中稍微靜置，此時可以把醬刷在金黃酥脆的漢堡麵包上。

⑦ 把漢堡排放上麵包，佐以些許紅洋蔥圈即完成。

| 料理小撇步 |

1. 牛絞肉如果可以利用「威士忌熟成牛小排」的肉來製作就最完美了。一般的牛絞肉也沒問題，但風味會稍差一點。

2. 若確定自己的絞肉來源乾淨、處理過程適當，建議將中心煎七分熟，最多汁。

3. 如果想要多人一起享用，只要等比例增加食材即可。

· 克里斯丁 ·

美式酪奶炸雞

我完全無法抗拒美味炸雞的誘惑，偏偏美國又是最會做好吃炸雞的國家，每次做炸雞都會幻想著自己坐在車子後座抱著一桶炸雞狂嗑，但那畫面實在太過美好，似乎只存在於電影情節。不過誰說我們不能在家好好地炸上一桶美味炸雞，跟著家人朋友一同享受美式炸雞的痛快？

| 醃料食材 |

鹽　1.5湯匙
麵粉　1/2杯
牛奶　2杯
優格　1杯
胡椒　1/2湯匙
大蒜粉　1茶匙
孜然粉　1茶匙
西班牙紅椒粉　1湯匙

| 炸雞食材 |

鹽　適量
胡椒　適量
蜂蜜　80毫升
紅椒粉　適量
植物油　1.5公升
中筋麵粉　1杯
雞棒棒腿　8～12支

| 做法 |

① 將炸雞醃料混合均勻，加入雞腿醃漬8小時，並在烹調前置於常溫中至少30分鐘。
② 將雞肉裹上以鹽巴、胡椒與紅椒粉調味過的麵粉，可依喜好重複兩層。
③ 將裹上麵衣的炸雞放入加入植物油的鑄鐵鍋，加熱至180度，炸約12分鐘或至熟透、表面酥脆、呈現金黃色。
④ 趁熱替炸雞淋上一層薄薄的蜂蜜，靜置約2分鐘即可大快朵頤！

| 料理小撇步 |

1. 醃漬時間長短決定了成品的口味鹹淡，建議多測試幾遍，找到最完美的醃漬時間。
2. 可以用白脫牛乳替代牛奶和優格。做法很簡單，將鮮奶油攪打至油水分離，液體部分即是白脫牛乳，如此一來，還有新鮮奶油可以用呢！
3. 注意選用大小一致的雞肉，盡量不要雞腿、雞胸混合炸，以免熟度不均。

啤酒燉雞肉

你喜歡喝酒……也剛好喜歡吃雞肉嗎？那麼這道菜可以說是你的定番料理啊！幾乎每個喜歡下廚的人都能輕鬆上手，不但做法簡單、口味好吃，又能拿來宴客。雞肉選擇全雞或是帶骨雞腿都相當適合。現在各大賣場都有販售品質相當好的全雞，古早雞或是仿土雞，都很適合拿來做這道菜！

食材

全雞　1隻　　　　麵粉　40公克　　　　馬鈴薯　2顆
蒜頭　10顆　　　啤酒　2瓶（能蓋過雞肉的表面）　橄欖油　少許
奶油　40公克　　紅蘿蔔　2根　　　　小番茄　200公克
　　　　　　　　　　　　　　　　　　鹽、黑胡椒　少許

做法

① 首先準備一個塞得下全雞的鍋子，鑄鐵鍋很適合，如果你家鍋子沒那麼大，或是買不到全雞，也可使用帶骨雞腿取代。
② 將鹽、黑胡椒與橄欖油均勻抹在雞肉上後，鍋子開大火，將雞肉煎至金黃後取出備用。
③ 利用鍋底剩餘的油，將去皮後切成大塊狀的馬鈴薯、紅蘿蔔與蒜頭炒香。
④ 當香氣充滿整個廚房時，加入剛剛煎香的雞肉，接著開大火，倒入啤酒，待啤酒煮滾之後，轉中小火。
⑤ 這時另外取一個平底鍋加熱，加入奶油融化後，加入麵粉攪拌均勻，建議使用打蛋器，待麵粉與奶油炒出香味後，一湯匙一湯匙地加入做法④的煮滾啤酒，並一邊用打蛋器攪拌均勻，這個步驟是為了炒出能讓燉肉濃稠的Roux，中文翻譯通常叫「白醬」，但除了牛奶之外，幾乎所有液體都能做出讓湯濃稠的「醬」喔！
⑥ 等啤酒白醬煮到類似美乃滋的濃稠度後，加回做法④裡，並一邊用打蛋器攪拌均勻，慢慢燉煮30至45分鐘，蓋上鍋蓋前放入你的小番茄，接著每隔10分鐘攪拌一下底部避免燒焦，30至45分鐘後，若能用筷子輕易扯下雞肉，便大功告成啦！
⑦ 撒上新鮮的香菜葉，討厭香菜的話，撒上一點蔥花即可上桌享用。

料理小撇步

1. 啤酒在這道食譜裡扮演著很重要的角色，經過燉煮、酒精蒸發後會留下啤酒花與酵母的香氣與甜味，所以可以加入番茄或番茄糊補一點酸味，做口味的中和。
2. 這道菜相當簡單，選擇你喜歡喝的啤酒就對了！番茄糊的英文是Tomato paste，在各大賣場都能找到罐裝或是牙膏狀的，若買不到可用番茄罐頭取代。
3. 雖然不是很正宗的做法，但適合加點油豆腐或凍豆腐吸湯汁，超好吃的！
4. 馬鈴薯可用地瓜或南瓜替代，也可以加入任何耐燉耐煮的蔬菜喔！

· 廚師漢克 ·

奶燉豬肉

Maiale Al Latte，是這道菜的義大利文，看到Latte了嗎？這就是拿鐵的義大利文，所以不難想像，這是道奶香濃郁的燉肉食譜！

只要講到義大利菜，你會發現，義大利的菜其實都不難，但都莫名的好吃，你只需要付出多一點愛跟耐心，那麼義大利料理絕對會是你想療癒時的最佳選擇！

我在旅外工作期間結識了不少義大利廚師，也因為他們，我造訪了義大利不少次，在旅遊方面我是走很「在地化」風格的人，也就是我對觀光景點不怎麼感興趣，也不喜歡跑行程，吃排隊美食。對我來說，旅遊就是得跟當地人接觸，吃他們「日常」吃的食物，走訪他們「日常」走的街道、商店與市集，如果可以的話，入住當地人的家裡，有機會的話，吃看看當地家庭裡奶奶做的菜，我很幸運，認識了不少義大利人，也都以這樣的方式認識義大利，而這道奶燉豬肉，就是相當有「奶奶」風格的菜，因為義大利奶奶總是會準備一道令人難以拒絕，長時間慢慢燉煮過的肉類料理，好擄獲我們這些需要療癒的心靈啊！

而如果你不吃豬肉，換成帶皮雞腿肉也很合適。燉肉的料理其實都沒有個「一定」，牛奶可以換成啤酒、白酒或是紅酒。這邊會使用牛奶燉是因為在加熱後，乳脂會分離出來形成小塊起士狀的東西，而牛奶在長時間燉煮之下也會濃縮成醬汁，很適合一邊吃肉一邊拿著麵包沾著吃，我則是很愛把那拿鐵般濃郁的湯汁淋在飯上或煮點義大利麵來配著吃！

| 食材 |

奶油　150公克　　九層塔　半把　　帶油豬梅花（胛心）肉塊　1.5公斤
蒜頭　10顆　　　切片洋菇　3顆　　全脂牛奶　2公升（淹過肉的表面）
橄欖油　少許　　鹽、黑胡椒　少許　黃檸檬皮　2顆（不要削到白色的部分，會苦）

| 做法 |

① 首先，這是道所謂的One Pot Dish（一鍋料理），顧名思義，就是只需要使用一個鍋子即可烹飪完成。所以，一個好的鑄鐵鍋或是厚底的湯鍋絕對是這道菜的好幫手！

② 把鹽、黑胡椒與橄欖油均勻地抹在豬肉塊上，接著把鍋子放在爐子上開中火預熱後，放入奶油融化，接著放入豬肉煎到GBD（Golden Brown Delicious）後，取出放置一旁。

③ 接著會看到鍋子底部有些焦黃的痕跡，別擔心！那是好吃的東西，千萬別刮掉，轉到小火後，丟入九層塔、蒜頭、黃檸檬皮與切片洋菇，持續拌炒3分鐘。

④ 3分鐘後你會聞到很棒的香味，接著倒入全脂牛奶，並找一支木湯匙把底部焦黃的地方刮起來後，把做法②煎好的豬肉放回去，並轉成大火讓牛奶沸騰起來！

⑤ 等牛奶沸騰後，轉小小火，讓它慢慢燉煮一個半小時，在這期間內，記得每15分鐘給它一點關愛，幫它翻個面，攪拌一下底部避免燒焦。

⑥ 1～1.5小時後，牛奶會濃縮到原本的一半左右，肉可以輕易地用湯匙切開，就代表大功告成啦！

| 料理小撇步 |

1. 強烈建議使用黃檸檬皮，味道較甜一些。不過買不到也沒關係，綠萊姆的皮雖然偏酸一些，同樣適用。
2. 外國人料理這道菜時喜歡用鼠尾草，不過我覺得九層塔比較符合華人的口味，所以沒問題！
3. 牛奶的部分千萬要選全脂，脫脂的牛奶煮出來可是會毀了這道菜！
4. 香料部分歡迎自行搭配百里香或是迷迭香，或是加點薑，會有不同效果喔！

· 克里斯丁 ·
═ 簡單義式肉丸 ═

義大利人的經典招牌菜之一就是美味的肉丸義大利麵，但其實只要學會做肉丸，就可以配在任何主餐上。要把肉丸做的好吃並不難，材料用對就會很好吃。

| 食材 |

雞蛋　1顆	牛絞肉　250克	巴西里　少許
大蒜　3顆	麵包粉　3湯匙	豬絞肉　400公克
麵粉　2湯匙	橄欖油　3湯匙	鹽與胡椒　適量
		帕瑪森起士　3湯匙

| 做法 |

① 把大蒜、巴西里切末。

② 將豬、牛絞肉混合均勻，並以鹽、胡椒調味後，打入雞蛋、蒜末、麵包粉以及刨入帕瑪森起士。

③ 用手將所有食材混合均勻，適當地捏揉，但要避免因為手的溫度導致絞肉出油。

④ 混合均勻後揉製成約高爾夫球大小的肉丸。

⑤ 將肉丸均勻撒上麵粉，以中火預熱的平底鍋，加入橄欖油把每顆肉丸的球面煎到金黃上色。

⑥ 放入180度烤箱烤至肉丸全熟（中心溫度70度），約15分鐘後取出靜置5分鐘。

⑦ 將肉丸盛盤後刨上帕瑪森起士即完成。

| 料理小撇步 |

1. 麵包粉可以使用平時放太久的乾掉吐司或歐式圓麵包，用食物調理機打成粉末狀即可。
2. 可以隨性地添加其他食材如洋蔥、蒜苗或其他乳酪，能增添不同風格，找到自己的個性。
3. 香草可以替換成迷迭香、百里香或甜羅勒，混搭也很棒喔！切碎後即可拌入。
4. 配上簡單的番茄醬汁跟麵包就非常美味。

慢慢煎鮭魚

其實你會發現，這本書我介紹的食譜都不難，都會是你曾經接觸過的尋常食材，但只要多了點烹飪的巧思與細膩，就能做出不一樣的料理！好比像歐姆蛋，100個人就有100種不同的做法。煎鮭魚也是一樣，鮭魚是種細緻的食材，大火去煎很容易破壞了魚肉細緻的口感！所以，你想要煎出像肉鬆一樣、乾巴巴的鮭魚？還是比餐廳廚師煎得都好吃的鮭魚呢？

差別就在於做法與巧思！做菜的好與壞，食譜其實只是初期帶領你明白大綱的工具，而真正重要的，還是要學習如何「判斷」，煎魚就是學習判斷的良好方式之一！

一塊好的煎魚，魚皮得香脆，魚肉得滑嫩多汁，靠的可不只是「中火熱鍋，魚皮朝下煎2分鐘後翻面，再煎2分鐘……」靠的是你去「觀察與判斷」魚肉熟的狀態與程度，再依照當時的狀態去調整煎魚的方式。因為大家能買到的魚排厚薄度都不一樣，用一樣的指示教學，肯定有人會因為買到太厚的鮭魚而沒煎熟，或是因為買到太薄的鮭魚而煎到過熟！

所以啊，在這裡跟大家分享的做法相當簡單，卻也考驗你們的眼力，只需要翻「一次」且「慢慢煎」的鮭魚，需要耐心地等待與觀察，就能煎出上得了檯面的鮭魚排！

鹽　少許

檸檬　半顆

奶油　少許

九層塔　少許

橄欖油　30公克

小番茄　100公克

帶皮鮭魚菲力　250公克

| 做法 |

① 先從冰箱取出鮭魚放置常溫30分鐘，並在魚皮表面均勻撒上薄薄一層鹽，幫助魚皮脫水！30分鐘後，拿廚房紙巾蓋住鮭魚皮表面吸乾釋出的水分，這個步驟是為了保持魚皮乾燥，煎出來的皮會更酥脆。

② 以中小火預熱不沾平底鍋，倒入少許橄欖油，將魚皮朝下煎。若鮭魚是新鮮的，你會看到魚肉縮起來！這時候，用掌心部分輕輕且溫柔地把魚肉往下壓，直到魚肉往下舒緩變平後，在魚肉上撒上點鹽巴，此時，將爐火轉到小火，接著倒杯白酒來喝，「慢慢地」等待吧！

③ 等待的期間，將小番茄洗淨切半，簡單地以鹽巴與橄欖油調味後，加入切碎的九層塔，並擠入1/4顆檸檬汁，試試味道後放置一旁備用。

④ 在小火的狀態下，鮭魚肉正被慢慢加溫，你不需要翻面，只要從側面觀察，魚肉變白的部分就是慢慢開始熟的部分，直到它變白的地方慢慢往上到有八成是白色的狀態，這時就可以輕鬆地從魚皮朝下那面往上翻，讓魚肉那面朝下。

⑤ 此時關火，利用鍋底的餘熱，讓魚肉慢慢熟。這時加入奶油，奶油融化後擠入半顆檸檬汁，搖晃均勻就是現成的醬汁了。

⑥ 關火靜置約3分鐘後，取出鮭魚擺在醃製的番茄上，接著就風光地上菜吧，一道賓客、朋友、家人都會稱讚的超嫩煎鮭魚，絕對可以讓你好好威風一下！

料理小撇步

1. 請選用新鮮的帶皮鮭魚菲力，且注意肉的厚薄層度，不要一邊大一邊小，厚度要一樣，這樣烹飪時間才會一致。若只買得到一邊大一邊小的鮭魚怎麼辦？把魚肉較厚的那面往鍋子中心擺，薄的那面放在鍋緣就可以。這是因為用中小火加熱，鍋子中心熱度較高，鍋子旁邊熱度較低的緣故。

2. 魚肉的蛋白質比雞肉或紅肉還來得細緻，一般來說魚肉安全的中心溫度是62.8度，但以食用的角度來看，煮到62度的鮭魚其實已經會開始乾柴，所以我個人會煮到52度左右就從鍋中取出！

3. 魚肉若剛從冰箱拿出來就下鍋煎，鍋的熱度會讓表面開始熟，但鮭魚內部仍是冰冷的狀態，在這樣的情況下就得繼續加熱，直到內部也煮熟，所以，烹煮之前半小時拿出來的用意就在這！

· 克里斯丁 ·

═ 經典波隆那肉醬 ═

我很喜歡那種「直攻人心」溫暖療癒系的料理，毫無疑問地，義大利料理就是這方面的翹楚；不需要精準的刀工，沒有複雜的用料，卻能用雙手跟時間做出讓人讚嘆不已的美食。其實做菜不需要很複雜，而且任何人都能做到，這道料理保證能讓每個人笑逐顏開。

| 食材 |

紅酒　150毫升　　　西洋芹　1枝
豬絞肉　250公克　　番茄膏　2湯匙
牛絞肉　250公克　　雞高湯　200毫升
小洋蔥　1顆　　　　橄欖油　2～3湯匙
紅蘿蔔　1顆　　　　鹽與胡椒　適量

| 做法 |

① 將洋蔥、西洋芹、紅蘿蔔切成小丁。
② 準備鑄鐵深鍋預熱，加入橄欖油並放入三色蔬菜炒至半透明狀。
③ 放入豬、牛絞肉，開大火將絞肉流出的水分收乾，再拌入番茄膏將酸味炒掉。
④ 加入紅酒，酒精揮發後加入雞高湯煮至滾燙後轉小火蓋鍋蓋收汁約1.5小時，必要時適時添加雞高湯避免乾燒。
⑤ 以適量鹽與胡椒調味即完成。上菜前可以刨些帕瑪森起士增添風味！

| 料理小撇步 |

這份肉醬食譜厲害的地方在於，做好冷藏（或冷凍）隔夜再吃味道更棒！因為絞肉會吸收所有的湯汁精華，不但更加柔軟也更入味，配著飯簡單吃就可以健康無負擔地搞定中午便當。

· 廚師漢克 ·

═ 慢慢燉一小時的花枝 ═

花枝，英文叫Squid或是Calamari，是個不管在國外還是台灣都很受歡迎的食材，像是三杯中卷啊，芹菜花枝啊，炸花枝啊……等等，其實花枝真的是很萬用的一種海鮮，而今天要放在食譜裡的花枝做法，是在一間法式小酒館吃了之後，覺得非常驚豔，請教做法後得到的食譜。

酒館裡的法國老廚師很可愛，他用濃厚的法國腔，一邊前後搖擺著他的食指，一邊跟我再三叮嚀：「花枝這食材，不是煮一分鐘就是一小時！記得！一分鐘或是一小時！」

你會發現我很喜歡「慢慢來」的烹調方式，在烹飪也講求快速與方便的現代，說實在的，時不時若能騰出一個上午或下午，好好地煮一道菜，對於喜歡煮菜的人來說真的是一種放鬆的享受！

於是，一道要煮一小時的慢燉花枝，加上只煎了一分鐘的花枝，配上濃郁的臘腸與番茄，燉煮完之後不管是沾麵包，還是配飯、配麵都相當邪惡啊！

花枝　3隻（或約600公克）　　　小番茄　50公克

蒜頭　2顆　　　　　　　　　　百里香　少許

白酒　200公克　　　　　　　　番茄罐頭　1罐

洋蔥絲　1/2顆　　　　　　　　西班牙臘腸　100公克

馬鈴薯　2顆　　　　　　　　　煙燻紅椒粉　少許

橄欖油　少許　　　　　　　　　鹽巴黑胡椒　少許

| 做法 |

① 首先我們來處理花枝，去除內臟與眼睛後，將花枝身體對半切，刮除表面的黏膜，再用刀尖在花枝肉上劃十字紋路，切成適合入口的大小，把切好的花枝分成1/3跟2/3的份量。

② 取一厚底湯鍋，淋上少許橄欖油在鍋底並以中火加熱，下洋蔥絲與蒜頭片，再加上些許鹽巴黑胡椒調味，翻炒一分鐘後，加入煙燻紅椒粉與百里香繼續拌炒。

③ 同時，將馬鈴薯洗淨後留著皮，切成3公分大小的塊狀，西班牙臘腸也是相同的大小，放在一旁備用。

④ 回到炒洋蔥的湯鍋裡，此時加入番茄罐頭，轉大火，讓湯鍋滾起來之後，倒入白酒繼續用大火滾開，直至酒精味蒸發。

⑤ 此時加入馬鈴薯、臘腸和2/3的花枝，稍微攪拌一下，蓋上鍋蓋，轉小火，計時1小時。

⑥ 途中時不時檢查一下，給它點關愛攪拌攪拌，不管是要配麵包或是麵、飯吃，都可以在這時準備起來。

⑦ 1小時後出鍋，吃一口試試調味，再依個人口味去調整，另外起一個平底鍋用橄欖油簡單炒一下剩餘的1/3花枝，炒完後堆在燉花枝上，另外堆上些橄欖油與檸檬汁調味的沙拉葉，就是道美觀又開胃的大菜啦！

| **料理小撇步** |

1. 建議去市場裡買花枝，那邊的魚販大部分都會很願意幫你把花枝內臟處理好的。
2. 西班牙臘腸取得不易，可用賣場或市場取得較容易的臘腸取代。
3. 馬鈴薯也可以地瓜南瓜等耐燉煮的根莖類取代。
4. 白酒的部分，我個人是邊做菜就會邊默默喝完啦……但如果怕買一整瓶喝不完浪費的話，可用啤酒取代喔！

⚜ Chapter3 ⚜
元氣料理

生活在美食天堂台灣，吃完午餐之後，不知道什麼原因，常常都會有種「啊～好想喝杯手搖飲料！」的念頭出現。這些飲料的成分當中不可缺少的就是大量的精緻糖分，即使是半糖，都可能含有30公克的糖在其中。

依照醫生的建議，正常人一天所攝取的糖分要避免超過50公克，如果超過這個數字，經年累月下來，就容易引發慢性疾病，造成肥胖。如果你手上的飲料剛好還是珍珠奶茶的話，這杯飲料就鐵定是超標了。

糖已經被全世界的科學機構普遍認定是一個可怕的健康殺手，長時間攝取過量糖分，隨之而來的就是心血管疾病、肥胖，以及加速身體老化等。而且糖具有依賴性，習慣吃甜食久了，想要戒除時便會發現無比困難，必須要有強大的意志力，才能克制想吃甜食的衝動。

我是很愛吃甜食的人，特別是冰淇淋，對它幾乎沒有任何抵抗能力。但是當我對糖的知識知道越多之後，我都會設定自己每週吃甜食的「扣打」，盡可能不要過量。

料理當中的甜味，從天然的食材中萃取是上上之選；蘋果、洋蔥、甜菜根等高糖分的蔬果都是很棒的甜味來源，只要烹煮時加一點點蔬果的香甜，就能讓整道料理增添美味。

英國名廚赫斯頓曾經說過：「要帶出甜點當中的味道，不要使勁地加糖，而是要加鹽。」這個方法效果顯著又神奇，快去試試看吧！

除了糖，在廚房料理食物時，下油量也要留意。我見過很多人煮菜時因為擔心攝取過多的油脂，往往都用毫米等級的刻度下油，小心翼翼地，像是在刺繡一樣。事實上不必如此拘謹，因為這樣做出來的菜不會太好吃啊！大廚料理沒什麼秘訣，就是下油時稍微大膽一些而已！

在料理過程當中，並不是所有的油脂都會被食材吸收，如果是處理容易吸油的食材如馬鈴薯、芡粉的食物，或者香菇，自然要慎重。不過，若是煎魚或雞胸肉，鍋子中的油量不夠，便很難替整份肉塊均勻上色，也很難提升料理的美味度。

與其擔心攝取過多油脂，我更在意「好油脂」的攝取量。也許是受到傑米・奧利佛的影響，橄欖油是我最喜歡使用的油品，不管是炒菜時使用精煉過的二榨橄欖油，或用初榨橄欖油做成沙拉，在攝取優質油脂的同時，又能顧好烹調品質，是我推薦一般料理者使用的首選。

—— 克里斯丁

· 克里斯丁 ·

═ 超簡單罐裝沙拉 ═

「中午要吃什麼？」是學生或上班族週一到五的苦惱，走在台北市正午十二點的大街小巷，有非常多小攤販用保麗龍盒裝著的各式各樣的便當；雞腿、排骨、糖醋雞丁……除了主餐，配菜也是任君挑選，不論是三菜、四菜或者自助餐隨你怎麼挑，便宜、美味、百吃不膩就是「便當」帶給饕客的體驗。Instagram上面有著許多位風格不同的創作者，每天都分享自己製作的便當菜心得，往往讓我看了忍不住饑腸轆轆。

第一次聽到「罐裝沙拉」時，完全沒辦法理解到底是什麼東西，但是看到美麗的玻璃罐以最完美、最優雅的方式，把健康飲食的概念呈現在我眼前時，心裡突然出現了一種「天啊，根本就是藝術品！」的悸動。

罐裝沙拉做法簡單、方便，又能夠隨身攜帶，想吃的時候拿出來搖一搖，是史上最時尚又健康的便當料理。它一度成為我的日常午餐，天天都努力嘗試各種不同的搭配。

延續前面所講到的，這是一份非常隨性、多變化的食譜。只要按照極為簡單的原則就可以隨心創作出自己的版本。想清冰箱？沒問題！想走低碳？沒問題！可能性是近乎無限的！

| 食材 |

鹽　適量

胡椒　適量

榛果　1湯匙

紅蘿蔔　1/4顆

紅洋蔥　1/4顆

玉米粒　2湯匙

檸檬汁　1.5湯匙

小番茄　約8～10顆

橄欖油　3湯匙（1湯匙用來煎馬鈴薯）

義式生火腿　2條

拇指馬鈴薯　2顆

任何綠色生菜　適量

刨絲的帕瑪森起士　1把

| 做法 |

① 把拇指馬鈴薯連皮放入加了鹽的冷水中開火燒開至柔軟，對半切開或更小，放入平底鍋用奶油煎上色後，以鹽與胡椒調味，靜置備用。

② 將蘿蔓、義式生火腿切小塊，小番茄對半切開，紅蘿蔔、洋蔥切絲備用。

③ 先將橄欖油與檸檬汁均勻混合，放入少許鹽，與胡椒調味後，倒入玻璃罐底部。

④ 依序放入小番茄、馬鈴薯、玉米粒、洋蔥絲、紅蘿蔔、生菜、義式生火腿、帕瑪森起士，放入的過程中避免濺起醬汁。小心將瓶口封上，即可帶著走。

⑤ 想吃的時候上下均勻搖晃瓶身，直到醬汁均勻混合盛盤即可。

| 料理小撇步 |

1. 順序很重要，為了避免某些食物因為沾附醬汁而軟化變質影響口感或風味，選用能耐酸、不易變形的澱粉類或根莖類蔬菜墊底。如果想趁機醃漬食物（如番茄）也是很棒的巧思喔！

2. 雖然說罐裝沙拉攜帶上非常方便，但還是得小心搖晃、傾倒等狀況，除了影響美觀，更重要的是也會影響食物的保存。

3. 最好是晚上裝好冷藏，隔天早上帶出門。到了中午，剛好是最完美的享用時機。

· 廚師漢克 ·

═ 豆腐漢堡排 ═

第一次在日本吃到漢堡排時,我有點困惑,漢堡不應該就夾在漢堡麵包裡嗎?怎麼會只有漢堡肉,沒有麵包呢?

幾年前我給了自己四天的假期,飛到了大阪,借住在一個設計師朋友的家,沒有特別安排什麼行程,放下行李後便往附近的商店街走去,走著走著,來到了商店街盡頭,看到轉角處有間食堂,摸著咕嚕咕嚕叫的肚子,便走了進去。

那是一對老夫婦經營的日式小食堂,老奶奶很親切地先是端上了熱茶,而菜單上全都是日文,沒什麼漢字,我胡亂點了兩道菜,沒想到點到一個漢堡排定食,漢堡排送上來時,上頭覆蓋著濃濃的醬汁,以及滿滿的生菜與切塊番茄。那漢堡排相當軟嫩,用筷子就能輕易切開,一吃下去,肉汁飽滿,加上鹹鹹甜甜的醬汁,簡直是白飯殺手!

飯後我試著用破爛的日文加英文問老闆娘:「這漢堡排超級好吃!到底是怎麼做的啊?」一番比手畫腳後,老闆娘好像讀懂了我的意思,於是走進廚房喊了一聲,不到幾秒,老老的老闆邊用毛巾擦手邊走了出來,手上端著一個盤子,盤子裡是塊豆腐。他指了指豆腐,比出了握拳頭的姿勢,又指向漢堡排,我瞬間理解他的意思,是把豆腐揉碎加入漢堡排裡,難怪,這漢堡排會如此柔軟好吃!

如今這道漢堡排也被我一起帶回豆製品相當強大的桃園大溪,成為我食堂的主打產品之一!

| 食材 |

糖 5公克	薑末 20公克	豬絞肉 500公克
鹽 15公克	香油 20公克	板豆腐 150公克
蔥白 50公克	米酒 20公克	白胡椒粉 3公克

| 做法 |

① 首先將板豆腐切成塊狀,在上頭均勻撒上些許鹽,幫助脫水。

② 將蔥白切成末,與切碎的蒜頭一起放入碗裡,加入一小湯匙的鹽與糖攪拌均勻後,再加入香油、白胡椒粉與米酒攪拌。

③ 將做法①的豆腐捏碎後加入做法②攪拌均勻,並加入豬絞肉一起拌勻,做出6顆肉球,並整成漢堡排的形狀,放進冰箱冷藏30分鐘~1小時。

④ 從冰箱取出後,以平底不沾鍋加少許的油,用中火煎。一面約煎2分鐘,待表面金黃後,加入一小杯熱水,蓋上鍋蓋,轉小火燜10分鐘就完成了!

| 料理小撇步 |

1. 一定要用板豆腐,因為板豆腐水分含量比較少,用蛋豆腐或一般豆腐,漢堡排會很難成型!

2. 喜歡吃蔥綠的人可以混一點蔥綠在蔥白裡。

3. 漢堡排捏好之後先放進冰箱冷藏,因為剛捏好的漢堡排接觸手的溫度太久,形狀容易跑掉,放進冰箱冷藏可幫助定型,也可以讓肉更入味喔!

4. 做好的漢堡排可以簡單搭配川燙的蔬菜,配上照燒醬,或者番茄醬,都能變出一道美味料理!

· 克里斯丁 ·

═ 哈魯米起士漢堡 ═

澳洲特別流行哈魯米起士（halloumi cheese），這是一種偏硬質適合油煎的起士。擠上一點點檸檬，配著酪梨吃，不只是味道非常棒，而且也相當清爽健康。一直以來我都覺得台灣進口了很多很棒的起士，是時候讓我們多多享受它們了！

| 食材 |

鹽 少許	洋菇 3～5顆	切片番茄 2～3片
酪梨 1顆	芝麻葉 些許	巴薩米克醋 2湯匙
榛果 1把	橄欖油 2湯匙	布里歐漢堡包 2個
胡椒 少許	檸檬汁 些許	哈魯米起士 切約1.5公分厚

| 做法 |

① 把榛果泡水4小時至隔夜，用食物調理機打成泥，混入巴薩米克醋，並以鹽與胡椒調味備用。酪梨對半切開後用湯匙取出，小心地切成薄片後淋上檸檬汁避免氧化。

② 把哈魯米起士切成塊狀，放上中火預熱的平底鍋煎上色，並稍微用鹽、胡椒調味。

③ 將漢堡包對半切開，放入平底鍋與哈魯米起士一起煎上色。

④ 漢堡包與起士起鍋以後，同一鍋中放入切成片狀的洋菇，煎至上色的同時以鹽跟胡椒調味。

⑤ 將漢堡包刷上榛果巴薩米克醬，底層鋪上芝麻葉，放上哈魯米起士、酪梨片、煎過的洋菇以及切片番茄即完成。

| 料理小撇步 |

1. 哈魯米起司如果太熟會產生太過明顯的橡膠口感，所以要避免火力過旺導致外層燒焦。
2. 溫度要夠，才能創造出美味，請盡量選用耐熱的平底鍋。
3. 如果有烤番茄的話更讚，好吃程度會更上一層樓！

· 廚師漢克 ·

═ 開放型三明治海鮮蛋糕 ═

開放型三明治（Open Sandwich），在丹麥、挪威、比利時、德國、瑞典、英國……等歐洲國家都能看到蹤影。它的歷史可追溯至古羅馬時期，在當時，麵包是拿來當作盤子的，因為以前的人出門在外，總是會帶些吃的在身上，而要額外帶個盤子是件很麻煩的事，所以大型歐式麵包厚厚切一片，就是他們拿來當作裝菜的容器。吃完上頭的菜，底部的麵包也會沾滿醬汁，一起吃下肚更是能填飽肚子，而且還不用洗盤子，想想，古代人還真是有智慧啊！

現代人的生活當然方便許多，再也不必用麵包取代盤子，但這個飲食文化依然保存了下來，而由此延伸出的麵包文化更是在每個國家都能找到蹤跡！

做菜對我來說，是種人格與個性的延伸，也是件很親密的行為，做一個慶生的蛋糕尤其是如此，帶著為人祝福與慶賀的心意，一層又一層精心堆疊，收到的人其實都能看得出也吃得出你的心意的！

而這次要分享的是個用吐司也能做大菜的方式，簡單的一片吐司，抹上薄薄一層醬汁，一層層堆疊出高度後，在最上層抹上如鮮奶油般的醬汁，細心擺上色彩鮮豔的各種海鮮與配菜，如果你有個不愛吃甜蛋糕的朋友，那麼下次為他／她慶生時，你不妨試試這道三明治蛋糕！

白吐司　12片　　　　　　全蛋美乃滋　100公克

細香蔥　少許　　　　　　打發鮮奶油　200公克

檸檬汁　半顆　　　　　　小黃瓜與小番茄　少許

葡萄與藍莓　少許　　　　無糖全脂希臘優格　100公克

鹽巴黑胡椒　少許　　　　煙燻鮭魚與燙熟的蝦仁　各100公克

| 做法 |

① 首先將希臘優格與全蛋美乃滋一同加到碗裡，接著加入鹽巴黑胡椒與半顆檸檬汁後，另外將鮮奶油打發後加入切碎細香蔥一起攪拌均勻，放在一旁備用。

② 將小番茄切半再切半，小黃瓜切成薄片，放在一旁備用。

③ 將全部吐司的四個邊都去除，把一片吐司抹上一層做法①的醬，再疊一片吐司上去，然後再抹一層醬，一疊重複四次，總共兩疊並排合在一起。

④ 最後在吐司四周與表面都抹上做法①的醬，抹平之後就可以隨意擺上你的海鮮與蔬菜，擺得漂漂亮亮後，小心地封上保鮮膜，就可以放進冰箱，稍微讓吐司吸收一點醬，口感會更濕軟更像蛋糕喔！

| 料理小撇步 |

1. 這裡說的全蛋美乃滋並不是一般鳳梨蝦球上用的沙拉喔！這種沙拉太甜了，請到超市購買外國的美乃滋！

2. 海鮮也可用柔軟的舒肥雞胸肉片或其他柔軟口感的食材取代喔！

· 克里斯丁 ·

═ 芒果穀麥 ═

穀麥（granola）可以算是健康版本的美式早餐片（cereal），把精製糖統統改成新鮮水果當中的天然糖分，再把精緻澱粉轉變成能夠降低膽固醇跟高纖維的燕麥片。穀麥一直以來都被視為「超級食物」中的重要角色，而且同樣能創作出近乎無限的版本。喜歡的人可以隨心所欲創作出自己最愛的口味。

食材

鹽　1茶匙　　　　　　大燕麥片　4杯
蜂蜜　1/3杯　　　　　綜合堅果　1.5杯
橄欖油　1/2杯　　　　切碎芒果乾　2/3杯
香草精　1/2茶匙

做法

① 以160度預熱烤箱，並準備一個鋪上烘焙紙的大烤盤。
② 在碗中加入燕麥、堅果、切碎芒果乾與鹽，攪拌均勻。
③ 先將橄欖油、香草精、蜂蜜均勻混合，再拌入乾料當中。
④ 全部混合後平坦鋪在烤盤當中，放入烤箱烤約20分鐘，中途稍微翻動並稍微壓一下，使整份穀麥均勻上色定型。
⑤ 出爐後在常溫中靜置至完全冷卻即完成。若想變成早餐片，用鈍物輕輕敲碎，搭配優格、新鮮水果跟牛奶（或植物奶）即可。

料理小撇步

1. 這道食譜幾乎沒有限制，自由度高，任何食材都可以替代（除了燕麥以外），像是椰棗、葡萄乾、楓糖漿、椰子油、奇亞籽。
2. 烘烤時要小心將糖分烤焦，請記得不時查看穀麥，等到呈金黃色就可以囉！
3. 使用密封式容器儲存，可在室溫中保存1～2週，冷凍的話可以保存3個月。

· 廚師漢克 ·

══ 自製青醬 ══

提到青醬,你會聯想到什麼?羅勒、松子、帕瑪森起士與橄欖油嗎?青醬的義大利文是Pesto,是壓碎某物,透過杵臼敲擊打碎食材的動作,此步驟做出來的醬,都可以稱之為Pesto!所以不單單只有綠色的醬才能叫做Pesto,只是義大利「青」醬太受歡迎了,所以才普遍被認為青醬就得是羅勒與松子!

這道食譜的青醬是使用九層塔與腰果還有帕瑪森起士,因為比起羅勒與松子,九層塔與腰果是相對容易取得的!而想來點不同口味的你,青醬裡所有的成分都可以找到替代品,像是羅勒可以使用蔥或是香菜,松子可以使用南瓜子或是核桃,帕瑪森可以用Cream Cheese取代(義大利人別生氣啊!),橄欖油則是可以選擇其他油品取代,若是想做紅色的青醬,羅勒的部分也可以用油漬番茄或風乾番茄取代。當然!成品口味無法像正宗傳統青醬一樣。不過我要告訴大家的是,烹飪的世界是很廣大的,食譜只是提供參考,當你試做幾次之後,也能自己去嘗試,盡情享受烹飪的樂趣!

鹽　少許
蒜頭　半顆
腰果　30公克
檸檬汁　半顆
九層塔　10公克
橄欖油　適量
帕瑪森起士　30公克

| 做法 |

① 將蒜頭與鹽巴先用杵臼搗或是以食物調理機均勻打碎後，加入腰果，繼續打碎，直到成為小顆粒狀。
② 加入九層塔與帕瑪森起士繼續研磨。
③ 接著加入橄欖油，看個人喜好的濃稠度而定，然後加入半顆檸檬，如果味道不夠的話，再以鹽做調整。
④ 如果要增加醬汁保存時間，請放在密封罐裡，並在做好的青醬上淋一層薄薄的橄欖油，封蓋後放進冰箱，可保存1週左右。

| 料理小撇步 |

1. 這道醬汁無敵好用，不管是豬肉或雞肉都很搭！尤其是雞胸肉與豬腰內這種脂肪少的肉，腰果提供了相當棒的口感與油脂感。
2. 如果帕瑪森起士不好買的話，可用相同份量的cream cheese取代。

· 克里斯丁 ·
═ 香蕉醬嫩煎雞排 ═

香蕉醬聽起來很獵奇，但實際上在東南亞的許多國家都有把香蕉入菜的食譜。現代料理當中，鹹甜互相搭配早就不是稀奇事，他們常常會利用果香味跟天然的水果甜味讓鹹食添加更多風味。這件事對一般台灣人來說很詭異，但其實真的沒有那麼可怕。試過以後就會發現，原來料理的世界真的無邊無際，如此令人著迷啊！

｜食材｜

水　適量	白醋　1湯匙	薑黃粉　1茶匙	鹽與胡椒　適量
大蒜　2顆	醬油　1湯匙	番茄膏　1茶匙	去骨雞腿　2份
香蕉　1根	蜂蜜　少許	橄欖油　少許	中型洋蔥　1/4顆
辣椒　半根	老薑末　1茶匙	太白粉　少許	梅酒或威士忌　20毫升

｜做法｜

① 把洋蔥切丁，大蒜、老薑切末，辣椒切細。

② 鍋子以中火預熱，加入橄欖油後，將上述辛香料炒香。

③ 炒出香氣以後，加入薑黃粉攪拌均勻，把香蕉剝成小塊與番茄膏一同入鍋，用木湯匙搗碎香蕉後攪拌均勻。

④ 加入威士忌，靜待酒精揮發。

⑤ 加入白醋、醬油、蜂蜜、鹽與胡椒，最後依照濃稠度判斷是否需要加水稀釋，香蕉醬汁即完成。這個階段需要不停試吃，確認醬是否合乎口味。

⑥ 將雞肉以鹽與胡椒調味後裹上薄薄一層太白粉，在熱鍋中加入一點點橄欖油煎至表皮金黃酥脆、中心熟透。

⑦ 在盤底加入香蕉醬，疊上雞排，用生菜沙拉或一點香草裝飾即完成。

｜料理小撇步｜

1. 這是一道沒有規則、玩味十足的即興創作，硬要說規則的話就是確保「酸、甜、苦、鹹、鮮」多種風味，一應俱全。

2. 雞排裹粉的目的是保持雞肉多汁、上色均勻。可以使用太白粉、玉米澱粉或一般高筋麵粉皆可，適量調味也可以增添風味。

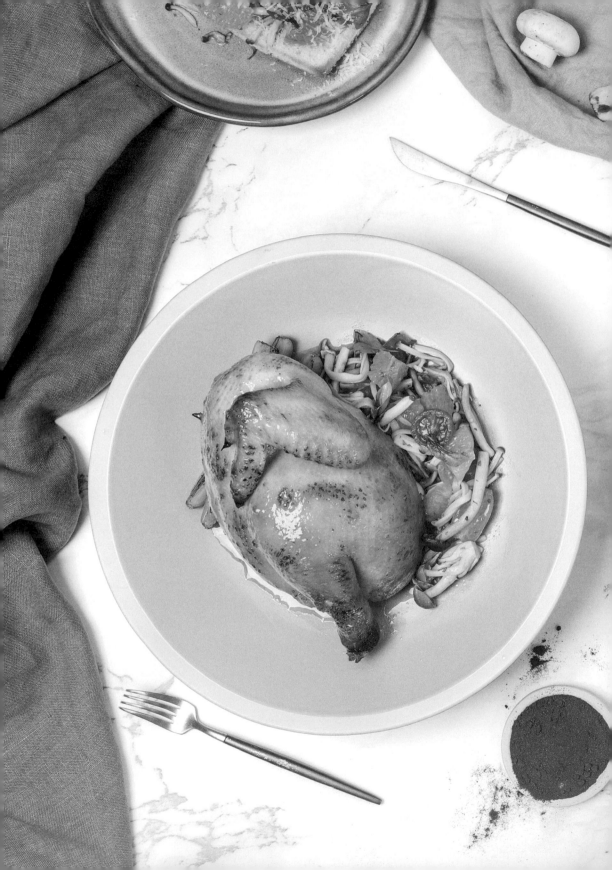

· 廚師漢克 ·

═ 元氣香草烤半雞 ═

不管是年終尾牙抽獎抽到還是逛街時買的，我身邊有越來越多的朋友，家裡都有一台氣炸鍋！很多朋友會問我「氣炸鍋除了炸薯條、炸雞塊之外，還可以炸什麼？」

其實，「氣炸」鍋就是一台散風效果很好的桌上型小「烤」箱！氣炸鍋之所以讓你有種食物酥脆的錯覺，其實是因為它有強大的排風系統，能把食材表面的水分快速蒸發，所以把冷凍的薯條與雞塊放進去，就能達到稍微酥脆的效果！

所以啊！有了這個觀念之後，就會對這台桌上型器具有更多的了解，而這道烤半雞也特別適合用氣炸鍋「烤」！切一半後的半雞形狀更平整、也更容易烤熟，兩個人吃剛剛好！

家裡沒有氣炸鍋的你也別擔心，既然氣炸鍋就只是台小「烤」箱，所以只要你家裡有台烤箱，這道料理的操作方式是一模一樣的喔！

雞　半隻　　　　蜂蜜　30公克
鹽　15公克　　　醬油　20公克
蔥薑　少許　　　五香粉　少許

| 做法 |

① 將半雞放在砧板上，在雞腿處切三刀，切至骨頭，這樣雞肉更容易熟透。

② 煮一鍋蓋過半雞的水，放入少許薑片與蔥段、15公克的鹽。煮滾之後，把雞肉放進去，轉成最小火，蓋上鍋蓋，燜20分鐘。

③ 把雞取出，並用冷水或冰水將雞肉迅速冷卻，把表面水分擦乾後，把氣炸鍋預熱至200度，等待的時間，若家裡有電風扇，可以拿來吹雞肉，加速雞皮表面脫水，烤出來的雞皮會更脆喔！

④ 將蜂蜜與醬油還有五香粉攪拌均勻後，塗抹在半雞表面，就可以丟進氣炸鍋，烤20～30分鐘（根據重量、大小而定）。

⑤ 打開氣炸鍋後，讓半雞在裡頭放置10～15分鐘，讓肉汁回流，切的時候才不會讓寶貴的肉汁溢出！

⑥ 靜置10～15分鐘後，就可以將半雞盛盤，跟白飯或是圖上的炒野菇搭配，都是不錯的午晚餐選擇。把肉弄碎後包在熱狗堡裡或三明治裡，也很適合當作野餐或出遊的點心。

| 料理小撇步 |

1. 先將雞肉燜熟是為了縮短用氣炸鍋烹調的時間，也能確保雞肉烤熟。

2. 各家氣炸鍋的瓦數與火力不同，所以烤的時間只能當作參考，主要還是得根據烤完靜置過後，撕下雞腿時才能判斷是否有熟喔！

3. 醬油、蜂蜜與五香粉這醬汁百搭，抹在豬肉上拿來烤也很好吃！

· 克里斯丁 ·

蒜香橄欖油義大利麵

這是一道向《五星主廚快餐車》致敬的料理，就是讓女星史嘉蕾 · 喬韓森（Scarlett Johansson）在片中吃得欲罷不能的義大利麵啊！我老婆也對這道菜無法抗拒，時常叫我做給她吃。食材用料極簡、烹調時間極短，卻可以創造令人回味無窮的美味，這正是義大利菜讓我深深著迷的地方。

| 食材 |

鹽　適量　　　　　　　乾辣椒　適量（可省略）
大蒜　10～15顆　　　　初榨橄欖油　5湯匙
檸檬皮　少許　　　　　義大利直麵　200公克
巴西里　1大把

| 做法 |

① 在滾水中加鹽，再放入麵條煮至彈牙（al dente），約八分熟。
② 在冷鍋中加入橄欖油及切碎的大蒜，用小火加熱。等大蒜微微起泡變色、散發香氣後加入乾辣椒，以及一點鹽巴調味。
③ 麵條煮熟後放入平底鍋，稍微翻炒一下。
④ 用馬克杯裝一杯煮麵水備用，整體太乾的話適量加入。
⑤ 將3/4巴西里切碎，加入鍋中攪拌均勻。
⑥ 起鍋前確認調味沒問題後裝盤，撒上剩餘巴西里，以及一點點橄欖油即完成。

| 料理小撇步 |

1. 煮麵水時一定要加鹽，不然麵條會沒有味道。至於是否要在水中加入橄欖油，我覺得不必，加了也無妨。
2. 大蒜一定要用溫火煎香，如果不小心燒焦的話就會產生苦味。
3. 含有澱粉質的煮麵水是讓油水乳化的重要關鍵。

綠竹筍越南春捲

夏季是台灣綠竹筍大出的季節，清甜爽口的竹筍吃起來毫無負擔感。一般都習慣沾美乃滋享用，不如改個方式做成越南春捲吧！這份食譜算是一個簡單的小巧思，非常適合外帶裝成便當，隨抓隨吃很方便。

| 食材 |

水 適量	檸檬 1/4顆	紅蘿蔔 1/4根
草蝦 5隻	蘋果 1/4顆	杏仁碎 1湯匙
生菜 數片	香菜 些許	越南米線 1把
砂糖 1茶匙	綠竹筍 1/2支	泰式甜辣醬 3湯匙
		越南河粉皮 4～5片

| 做法 |

① 將綠竹筍泡冷水煮沸後泡冰水，冷卻以後去皮、切絲備用。

② 將蘋果、紅蘿蔔與生菜切絲，與竹筍絲混合，三者比例可以1：1：1或自行配置。

③ 煮一鍋滾水將米線煮軟，取出沖冷水放涼備用。

④ 鮮蝦去腸泥、去殼後川燙約2分鐘或熟透後，對半切開泡冰水靜置。

⑤ 堅果切碎，用乾鍋烘香後備用。

⑥ 將泰式甜辣醬與切碎香菜、檸檬汁與砂糖混合成醬，可適量加水稀釋。

⑦ 把河粉皮稍微沾水使皮軟化，依序鋪上淋上些許醬汁的米線、蔬菜絲、堅果碎、香菜與鮮蝦，取適量包進河粉皮中，先從下包裹所有食材，再將左右封牢，全部捲起成型即完成。

| 料理小撇步 |

1. 綠竹筍川燙過後可以延長保存期，可以冷藏約3天。

2. 出青的竹筍多燙1、2次就能有效去除苦味。

3. 河粉皮泡水過久容易軟爛、糊掉。

═══ 香菇燉飯 ═══

這道燉飯是與大蒜橄欖油義大利麵並列，我最熱愛的義大利菜，也是我最一開始學做的燉飯料理。這全都要感謝傑米‧奧利佛的影片讓我能夠開啟對義大利菜的認識。這份食譜可以使用任何手邊找得到的野菇，甚至混搭都可以，做起來非常方便也非常美味。試著用鍋子「生米煮成熟飯」，然後享受彈牙口感的米心，絕對是我的一大享受！

| 食材 |

海鹽 少許　　　　鴻禧菇 約300公克
白酒 60毫升　　　小型洋蔥 1顆
奶油 1湯匙　　　　帕瑪森起士 40公克
巴西里 1把　　　　優質台灣米 400公克
橄欖油 2湯匙　　　溫熱的雞高湯 約1.2公升

| 做法 |

① 將平底鍋以中強火預熱，洋蔥切丁，巴西里切碎。

② 用刀子把野菇切成片狀（野菇可以選擇任何偏好的品種），放入乾鍋燒至產生堅果味後取出，淋上一湯匙橄欖油，加入半匙碎巴西里，並用鹽調味備用。

③ 在鍋中加入一湯匙橄欖油以及半湯匙奶油，奶油融解後轉小火加入洋蔥。小心不要炒上色，溫火炒軟至半透明狀，約10分鐘。

④ 將火稍微轉強，放入白米炒香，加入白酒攪拌至酒精揮發、米飯吸收水分為止。

⑤ 將另一半野菇加入鍋中，並加鹽攪拌，轉小火。

⑥ 加入一瓢高湯持續攪拌，待米飯吸乾水分後，再加一匙。重複這個步驟，直到米飯煮至滿意的軟硬度為止。

⑦ 燉飯煮到理想熟度後關火，試吃一下味道，撒上剩餘的巴西里，加入半湯匙奶油以及帕瑪森起士，攪拌均勻後，蓋上鍋蓋，燜2～3分鐘。

⑧ 將燉飯盛盤，放上乾野菇做裝飾，刨上帕瑪森起士，以及一點點橄欖油即完成。

| 料理小撇步 |

1. 可以選擇arborio等燉飯米，不過我發現台灣米做出來的品質完全不輸世界任何其他品種。

2. 煮軟的目的在於逼出洋蔥的天然糖分跟香味，而非焦糖化。

3. 使用木湯匙或矽膠刮刀，避免傷到米粒，斷裂的米不好吃喔。

4. 義大利人喜歡稍微生硬的米飯口感，吃起來帶有米心，比較彈牙。根據義大利名廚根納羅·孔塔爾多（Gennaro Contaldo）的說法是：「咀嚼更多下，能夠幫助你消化順暢！」

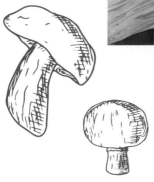

菇類風乾
比 Porcini 還鮮美的台灣香菇

說到風乾香菇，有在煮義式料理的人肯定聽過牛肝菌（Porcini），它1公斤的價格約台幣4000元，相當昂貴。以台中新社的乾香菇（大）公斤價2000元來看，進口的牛肝菌硬是比台灣品質最好的香菇貴上了1倍！即便在國外，牛肝菌也是一種昂貴的存在，所以我在廚房裡使用到牛肝菌時，總是特別珍惜，不浪費任何一滴泡發過後的香菇水。把它當作燉飯高湯底也好，或是取代雞、豬、牛高湯拿來熬煮醬汁都風味十足。

從英國回到台灣後，舉辦餐會或私廚時經常有人會指名要來道松露菇燉飯。剛開始使用牛肝菌時，總覺得相當不方便，因為並不是四處都找得到牛肝菌，且價格也相當高。那時心想：「到底有什麼東西可以取代這昂貴卻不可或缺的鮮味食材呢？」同樣是香菇，台灣也有很多種類，常見的秀珍與金針菇、珊瑚與鮑魚菇，大約5至10種。我跟夥伴一起思考著這個問題，於是跑了一趟濱江市場，把能看到的新鮮香菇統統都買回來，另外從網上訂了幾台風乾機，開始進行乾燥香菇實驗。

我們從最常見的蘑菇開始，洗淨表面的泥土，簡單地切薄片後便可擺在風乾機上，以68度烘6小時至12小時（厚度決定烘乾的時間）。這樣簡單的方式，可以拿來烘小番茄，做成油漬番茄，或是將芒果做成芒果乾，各種食材都不妨拿來試試看！

風乾過後的蘑菇片相當好用，煮蘑菇濃湯和煮燉飯時放一些，菇類鮮味瞬間提升許多！除了蘑菇之外，我們還實驗了金針菇、杏鮑菇、秀珍菇、舞菇、山茶菇等各樣各樣市面上能買得到的菇類，結果都不盡相同，也都帶著不同的鮮味！雖然我們台灣很難找到牛肝菌，但秉持著追求美味的執著，經過烘乾各種菇類，也讓我們找到各種不同的鮮味，與適合搭配的菜色，而這些都是市售乾香菇沒有的，「食驗」的精神，就是如此！

——廚師漢克

第二單元

進階煮義

週末來點新挑戰！
在家就能做的超美味料理

⌇ Chapter4 ⌇
醃漬料理

現代人的生活十分便利，只要走個幾分鐘的路就有超商，騎車沒多久就能看到超市。但在過去的時代，食品保存可說是一種至關重要的生活智慧！還記得小時候外婆家的「灶咖」裡有個神奇的櫃子，四層高的木頭櫃最上層有個拉門，拉門上有防蚊蟲的細孔濾網，裡面放著一碗室溫凝固的豬油，一旁也放著醃製的鹹冬瓜與醃製梅子，加上院子裡時常曝曬的各式各樣葉菜與瓜果，這些景象是我小時候的日常。長大後當了廚師，到了國外進入所謂的高檔西餐廳，開始接觸醃漬與發酵時才豁然明白，原來外婆老早就在做醃製與發酵的食品了！後來回到了台灣才明白要回歸本土，從上一代的智慧與經驗中，去學習與了解自己國家的飲食文化，是件很重要的事情。

醃製與發酵技術在不同文化裡都有源遠流長的歷史，基本上可以說是涵蓋了目前所有主流的飲食文化，例如南亞的魚露、各國的起士、日本的味噌、義大利的帕瑪火腿、韓國的泡菜、英國的醃黃瓜、葡萄牙的風乾鹽鱈、牛排店桌上的Tabasco辣椒醬、泰國的蝦醬……等等。這些食物雖然最初是以「保存」為目的而出現，但是美味卻從不打折！

在台灣，只要是經常逛傳統市場的你，肯定可以感受到濃濃的季節感。春天有讓人期待的春筍與蘆筍，還有各種葉菜類都會漸漸出現；炎熱的夏天，瓜果類開始漸漸肥碩，芒果、西瓜、鳳梨、南瓜、百香果、龍眼與水蜜桃，甜蜜與酸爽；入秋時，文旦總是我每一年的期待，適合鹽糖醃製的楊桃也緊接著登場！最後冬天，如紅寶石般的各式番茄與柑橘類，蓮霧、琵琶與草莓……這些季節分明的蔬果，都相當適合拿來做醃製與保存。

春天盛產的蘆筍可以做醋醃漬蘆筍，所以秋冬之際也可以吃到肥滋滋又味道酸甜的蘆筍，草莓可以做草莓醬，喜歡喝酒的你也可以用伏特加泡點草莓甜酒，送禮自用兩相宜！夏天的瓜果、水蜜桃與芒果都相當適合做成果醬；秋天時，總是吃不完的文旦，我會花點時間將文旦肉取出後做成果醬保存，做飲品做甜點，或是用鹽巴醃製起來煮湯也相當適合！冬天來臨時，則是可以總整理一下春季到現在保存的全部食品，來個台灣四季的醃製保存美食饗宴！

—— 廚師漢克

海水到巴士殺菌
食物保存手法層出不窮

最古早的醃漬（Marinade）其實只是「鹹水」，用來保存獵人獵捕而來的肉、魚類。最早居住在海邊的人類甚至直接使用海水來醃漬肉品，從拉丁文的「海（Mare）」、西班牙文「海水（Aqua Marina）」、法文「醋鹽醃（Mariner）」逐漸發展成英文的Marinade。

對於金華火腿、伊比利生火腿這類醃漬食品，大家應該都不陌生，就算沒吃過，至少鹹魚乾總有見過吧！世界各地的醃肉手法各不相同，但醃漬完畢都會透過「風乾」讓肉品脫水，使保存期限得以延長。風乾可長可短，利用機器只要短短數十分鐘，採用自然風乾的方式則需要幾個月的時間。在這個過程中，最可怕的敵人就是溫度！溫度過高容易導致細菌滋生，增加食物腐敗的機率，這也是為什麼大多數風乾作業都要在低於10度以下的地方進行的原因。

隨著食品科學的進步，人類對於保存食品的知識也越來越豐富。法國生物學家路易・巴斯德於1864年發現了以「低溫長時間」來加熱食物，可以達到殺死微生物與細菌的效果。大多數的細菌只要超過攝氏62度就難以生存，舉牛奶為例，以63度加熱30分鐘的巴氏殺菌法後再冷藏保存，可以維持牛奶本身的風味，而不會因為高溫殺菌產生梅納反應，使味道變質。

—— **克里斯丁**

· 廚師漢克 ·

══ 醃製溏心蛋 ══

說到英國，你會想到什麼？除了大家都知道的炸魚薯條之外，對我來說，英國是個喝酒文化很深的地方，酒吧之於英國人是有社交功能在的，下班後同事們常時不時就約在鄰近的酒吧，喝上個一兩杯啤酒，聊聊工作上遇到的事情，接著不管是續攤去吃飯還是回家，酒吧總是我們開始社交與夜晚的起點！

而身為一個沒救的啤酒愛好者，英國這樣的社交文化根本就是為我而存在的啊！所以我總是在下班後或休假日時穿梭在不同酒吧裡，喝酒之後容易餓肚子，而酒吧裡會有所謂的Bar snack（酒吧小食），大部分酒吧會提供香辣的綜合堅果、牛肉乾條（Beef Jerky）與鹹酸的洋芋片；而在一些比較鄉村或傳統的酒吧裡，則會有一道神奇的下酒菜：醃製蛋（Pickle Egg），剛看到時那景象……老實說，有些嚇人，一個玻璃罐裡塞滿了蛋與其他辛香料，相當獵奇！

但身為一個蛋的愛好者，我可是不會錯過任何吃蛋的機會！基本上，這道醃製蛋就是煮熟並剝殼後，用調味過的醋去醃製保存的蛋，經過醋水醃製後的蛋白，口感相當特殊，不軟不硬，但非常的酸，並非一般人能夠接受。在這裡，我把食譜做了點更動，加了點糖與其他香料，讓它吃起來酸甜酸甜的，做好之後冰在冰箱裡，不管帶出門野餐，或是在家裡配著酒吃，相當方便！

鹽　　　5公克
蛋　　　5顆
米醋　　150公克
黑胡椒　10粒
月桂葉　1片
生飲水　150公克
白砂糖　150公克

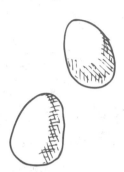

| 做法 |

① 起一鍋熱水，煮至沸騰後，轉中火並加入雞蛋，煮6.5分鐘後撈起，沖冷水或過冰水冷卻。
② 將醋、糖、水還有香料與鹽巴加入一鍋子裡煮滾後關火，放在一旁備用。
③ 將冷卻的蛋剝去蛋殼後，放入玻璃密封容器裡，接著倒入沸騰的醃製汁，蓋過蛋的表面。
④ 將溏心蛋密封後室溫放到冷卻，接著放進冰箱裡醃漬至少24小時後即可食用。

| 料理小撇步 |

1. 蛋的品質很重要，請盡量選用最好的蛋。
2. 醋和糖、水1：1：1的比例是基本，其他的調味料則可以千變萬化！加入一點咖哩粉或薑黃粉，讓蛋變成黃色的，或加入一點蝶豆花讓蛋變成藍色都可以！
3. 這樣的蛋放在冰箱裡，只要每次取用時都是用乾淨消毒過的器具夾取，是可以放2～4週的！

· 克里斯丁 ·

══ 醃漬培根 ══

想要在家裡做醃漬，這道會是既經典、又好做的不敗美食。培根可以替任何料理增添美味的肉鮮味以及油脂風味，絕對能讓眼前的這盤菜增添許多風味！不過畢竟是在家自己嘗試，為了避免病菌以及腐敗的機率發生，千萬要記得將冰箱清潔乾淨，並且無論如何都要將培根煎熟再吃。

鹽　1/3杯

二砂糖或黑糖　1/3杯

壓碎的新鮮黑胡椒　3湯匙

煙燻用的木柴或木屑（可省略）

整塊豬腹斜肉（或豬五花肉）　約2公斤

| 做法 |

① 把鹽、胡椒與二砂糖均勻混合，用手將結塊部分搓散。

② 把市售整塊豬腹斜肉（或豬五花肉）用紙巾擦乾、去皮。將切下來的外皮劃紋、調味烘烤成美味脆皮。

③ 將整塊豬肉四周都厚厚地抹上一層醃料，讓醃料穿透豬表層直抵中心。

④ 把豬肉放置於烤盤或夾鏈袋中，用保鮮膜包裹，隔絕空氣，再放入冰箱最底層醃漬3～5天。

⑤ 每天將豬肉稍微移動、翻面一下，讓它能均勻地與醃料產生作用。

⑥ 醃漬完後將流出的水分瀝出，並將豬肉用冷水沖洗乾淨、完全擦乾。（這點很重要！）

⑦ 把豬肉置於網格盤墊高，放進空間寬敞的冰箱冷藏，確保空氣流通順暢，大約需要16小時。

⑧ 將風乾完畢的豬肉放入烤箱，以攝氏100度預熱，並時不時用家庭版煙燻機灌入煙燻木柴的煙燻風味於烤箱中（若沒有煙燻機則可以省略），將培根煙燻烘烤2小時直至表面燻香通紅。

⑨ 把烘烤完畢的培根靜置回到常溫，之後用保鮮膜緊緊包覆後放入冰箱冷藏4小時至隔夜。

⑩ 將培根切片（厚度隨個人喜好）食用，不管煎、烤都非常美味喔！

| 料理小撇步 |

1. 慎選來源正當、品質穩定的肉品是做出美味培根的必備條件。盡量避免向來路不明的攤販購買，並且選擇妥善冷藏運送的屠宰肉品。

2. 用適合切肉的長型刀去皮（刀越鋒利越好），小心地從邊角開始慢慢將皮切下。

3. 想要DIY的你可以使用蜂蜜、楓糖漿甚至甜果來製作培根。記得，料理是沒有制式規則的，你的味蕾會告訴你加多少料，試吃就是最棒的食譜。

4. 注意空氣流通：在製作過程中，水分是最大的敵人，為了避免腐敗，必須確保食材處於乾燥和風乾狀態。

5. 儘管食材在製作過程已經烹煮過，還是需要將培根煮到全熟再吃。

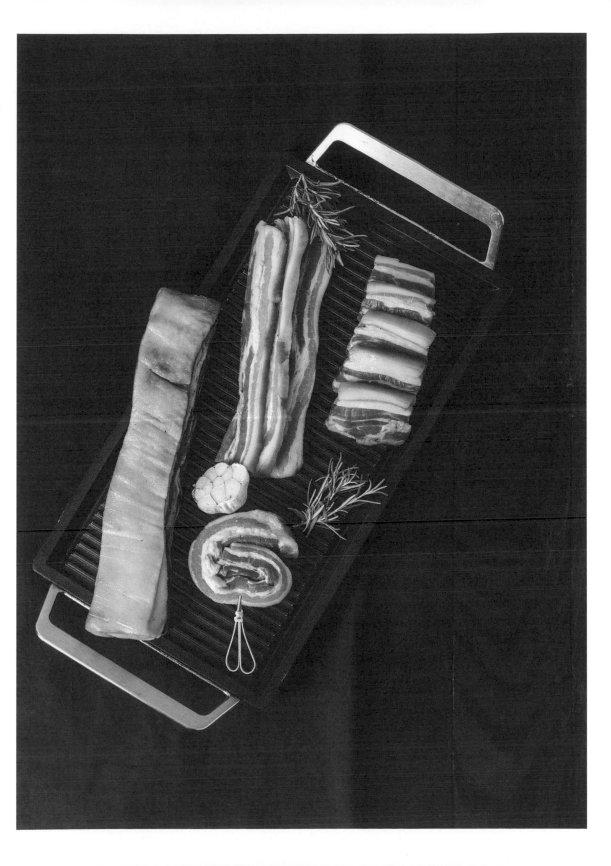

醃製鮭魚

說來好笑，以前在廚房工作時，我常常被當作「試毒員」，因為自小腸胃不好，對於不新鮮的食材特別敏感，尤其是不新鮮的魚。所以在廚房裡只要不確定食材是否新鮮，都會說拿給漢克吃看看（笑）。

也因為有過慘痛的經驗，我從小就不吃生魚片，連碰都不敢碰，剛好那時工作的餐廳有道冷前菜是醃製鮭魚，我在主廚極力慫恿之下嘗試了一口醃製鮭魚切片，原本以為會本能地想嘔吐，沒想到鮭魚在醃製過後，討人厭的魚味居然消失了！

如果你跟我一樣，不喜歡生魚的味道，不訪試試看這道醃製鮭魚，或許能改變你對生食魚肉的想法。這麼樣的一道醃製鮭魚，在醃製後洗淨，並用保鮮膜包起來，是可以在冰箱放一個禮拜的，不管是切片放在貝果上，搭配酸奶油一起吃，還是切丁加入義大利麵一起炒，或是簡單擠點檸檬汁與黃瓜一起吃，都相當棒，絕對是一個你可以在冰箱裡常備的好用食材！

| 食材 |

海鹽　150公克　　　　檸檬皮　1顆

白砂糖　130公克　　　新鮮帶皮鮭魚菲力　300公克（非輪切）

| 做法 |

① 將檸檬皮刨成細皮。

② 準備一個容器，將海鹽、白砂糖與檸檬皮充分混合。

③ 將帶皮鮭魚排放入密閉容器裡，並均勻在魚菲力的四周抹上做法②的混合物。

④ 冷藏24小時後取出，以生飲水洗淨並擦乾，將鮭魚皮去掉後切片，即可搭配食用！

| 料理小撇步 |

1. 鮭魚的品質非常重要，請盡量用最新鮮的鮭魚，不新鮮的鮭魚是無法拿來嘗試這個食譜的！

2. 請確保鮭魚的魚刺均已取出。

3. 在鹽與糖1：1的比例下，可以隨意地變換食譜，比如說加入甜菜根，做出紫色的醃製鮭魚；加入切碎的香菜醃製，或是加入羅勒跟一點伏特加。請發揮你的創意大膽嘗試吧！

· 廚師漢克 ·

═══ 醃製鴨胸 ═══

豬肉可以做火腿，鴨肉當然也行，其實各種肉類都能以這樣的方式醃製與風乾，以達到能夠長時間保存的狀態。醃製與保存肉品觀念在國外相當盛行，在大量取得某種肉品卻無法在短期間食用完畢的情況下，不妨花一個下午好好把肉醃製起來。這道食譜介紹的方式是短時間醃製後再下鍋去煎，這樣一來不僅會有基礎的鹹味，煎過之後的鴨皮還會有很棒的香氣！

| 食材 |

糖 60公克	八角 1粒
鹽 100公克	鴨胸 1片
	小茴香籽 15公克

| 做法 |

① 將鴨胸多餘的油脂與筋膜組織處理乾淨。

② 將除了鴨胸之外的食材放入密封容器，均勻混合。

③ 將糖與鹽的混合物均勻抹在鴨胸上，密封後，放進冰箱冷藏6小時。

④ 6小時後取出鴨胸，並用生飲水洗淨並擦乾。

⑤ 取一個不沾平底鍋，在鍋子還是冷的時候將鴨皮朝下放置，開小火煎15分鐘後翻面，再煎3分鐘後取出放置3分鐘，即可切成片，搭配簡易沙拉食用！

| 料理小撇步 |

1. 請選購品質良好的鴨胸。

2. 如果要當火腿生吃，醃製24小時後取出洗淨並擦乾，再放進冰箱風乾最少14天後，或是整體重量減少30%即可食用。

3. 把醃製時間縮短一半後稍微加熱是偷吃步的做法，讓你在短時間內就能享受到醃製鴨胸的美味。

4. 與各種醃製法一樣，比例是基本，香料與調味都是可以自由發揮的！

· 廚師漢克 ·

── 醃製蛋黃 ──

身為一個蛋黃狂熱愛好者，不管是生吃還是半熟或是全熟，我總在尋找蛋黃不同的可能性，這裡介紹的醃製蛋黃可說是體驗蛋黃不同口感的好方式！

說醃製蛋黃可能有點難想像，其實就像烏魚子，烏魚子在抹鹽曬乾之前其實也算是烏魚的蛋！所以，在能力範圍內選用最新鮮的蛋黃，用鹽巴與糖混合後醃製、風乾起來，乾燥後的蛋黃冷凍之後使用起來跟cheese很像，用刨絲器刨成細絲就可以撒在你平常吃的沙拉或是麵條或飯上，也是我常備的食材之一！

| 食材 |

糖　150公克

鹽　200公克

蛋黃　8顆

| 做法 |

① 準備一個深度約為5公分的烤盤或器皿。

② 將鹽巴與糖混合之後，先將一半均勻平鋪在烤盤上。

③ 用蛋的背部在鹽糖混合物上壓一個圓形出來（好放置蛋黃）。

④ 將蛋黃與蛋白分開後，把蛋黃輕輕地放在壓出的圓形裡。

⑤ 將剩餘一半的鹽和糖均勻地覆蓋在蛋黃上。

⑥ 保鮮膜包好，在四個角與中間的地方用刀子戳出五個洞後，進冰箱冷藏48小時。

⑦ 取出以生飲水洗淨，放入60度烤箱烤兩小時乾燥出油後，即可食用。

| 料理小撇步 |

1. 鹽糖混合物裡可按照自己喜好去做添加，比如說像切碎的香菜或九層塔，磨碎的黑胡椒或月桂葉，柴魚片或是昆布等去做風味上的變化。

2. 請選用你能力範圍內能買到最新鮮且最好的蛋，蛋黃的品質將決定最終成品的風味。

3. 封保鮮膜後戳洞是為了不讓濕氣封存在容器內。

· 克里斯丁 ·

═ 醃漬芝麻鮪魚排 ═

我第一次學習到芝麻鮪魚的做法是戈登·拉姆齊（Gordon Ramsay）的教學影片，這個版本算是一個針對所有人都能輕鬆享用的簡單版。

赤身對於很多人來說，美味程度或許不比充滿肥美油花的大腹肉，但赤身的高蛋白質以及微酸的風味絕不能因此遭到低估！

│ 食材 │

醬油 2湯匙　　　　檸檬皮 些許

橄欖油 2湯匙　　　紅／黃甜椒 適量

黑芝麻 1茶匙　　　生食級赤身鮪魚排 1份

白芝麻 1茶匙

│ 做法 │

① 將鮪魚放進冰箱用醬油醃漬約3小時後，取出放置室溫至少1小時讓它回溫。

② 甜椒切絲備用。

③ 把鮪魚肉完全擦乾後，用調理盤將芝麻鋪平，均勻黏在鮪魚肉上。

④ 鍋子以中強火預熱，加入橄欖油潤鍋後小心地放上沾滿芝麻的鮪魚，當芝麻煎出香氣後翻面，每面煎不超過45秒，起鍋後稍微靜置。

⑤ 把鮪魚小心切片，按照自己喜歡的方式鋪在切絲的甜椒上，刨上一些檸檬皮即完成。

│ 料理小撇步 │

1. 一定要選用生食級的鮪魚，才能吃到如牛排三分熟般的美味！
2. 若不想用鮪魚，可以用其他魚類替代。
3. 除了醬油之外，可以用其他調味料一同醃漬以增添風味。
4. 製作完要立刻吃才好吃，避免鮪魚接觸空氣過久失去色澤跟風味。

低溫烹調

擁有七顆米其林星星的美國大廚湯瑪士·凱勒（Thomas Keller）在料理教學影片當中說過：「料理就是掌握時間與溫度。」沒錯，不論你今天在舒肥雞胸、炸魚或者煎一塊肥美多汁的七分熟牛小排，所有烹調方式都會回歸到「煮多久？」、「溫度多少？」這兩個最基本的問題上。即使是相同大小的雞胸肉，用攝氏65度舒肥，一個舒肥2小時，另一個舒肥8小時，你會感受到第一塊雞肉肉質比第二塊稍有嚼勁，不過第二塊可能更加入味。

另外一個例子是麵團發酵，當你在麵團當中加入了酵母，酵母會因為不同的溫度有不同的活性，高溫會讓酵母加速運作，低溫會讓它更加溫和。因此過往的烘焙師發現，將麵團靜置於冰箱，透過長時間的緩慢發酵，能夠催化出更加細緻、饒富層次的酵母風味，同時麵團當中的氣孔也會更像是蜂巢般複雜美麗。

我不認為料理是絕對的，在衛生安全的基本原則之下，任何人都可以經過嘗試找到自己最喜歡的方式。透過經驗以及對食物的了解，除了可以找到每樣食材最適合的烹調時間與溫度，也能逐漸培養自己的風格。以我為例，也許因為我是製作家常料理起家的，所以我偏愛用炙熱的鑄鐵鍋將牛小排煎6～7分鐘達到理想的七分熟，而不會用低溫100度烤箱烘烤25分鐘後用熱鍋煎2分鐘盛盤。

而醃漬（marinade）是料理時再正常不過的事情，一般中式料理裡面，我們常在下鍋料理前5～10分鐘替肉片加點醬油、加點鹽、太白粉，但當我開始研究西方料理之後，對於醃漬的想像完全改觀了！他們除了有酸、甜、苦、鹹、鮮以及較少談到的油脂風味，還有千百種的辛香料、調味品，以多樣的混合方式，抹、塗、刷、浸泡在食材上，由此可見，醃漬是與烹調同等重要的步驟啊！

食物原本的風味很棒，但身為一名充滿實驗研究精神的料理愛好者，你有義務去替這塊雞胸肉、豬肋排，或者任何美味的食材增添風味。短短地醃漬10分鐘，跟醃漬8～12小時得到的成果絕對有著天壤之別，鹽巴與其他調味除了能更深入食物中心，也能改變肉眼看不見的結構鏈結，對食物成品產生絕對、無法取代的差異。

眾多廣式燒臘店充斥在台灣大街小巷，為什麼有些叉燒味道既單調又無趣？有些叉燒卻是如此多汁、鹹甜交雜又帶有淡淡的紹興酒醺香？差別就在於店家對於醃漬的用心程度。

—— 克里斯丁

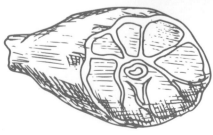

跟菜市場老肉攤說再見！

誰不怕吃壞肚子？如果連名廚安東尼・波登都會怕，那就沒人有理由自告奮勇地嘗試搞壞肚子。一般人避免吃壞肚子的直接反應就是「食物要熟」，但其實真正要討論的問題是「食物衛不衛生？」

如果從食物的源頭來看，辛苦的農夫或者養豬戶做了非常棒的品質管理，細心呵護每隻小豬的飲食、居住條件甚至是心情狀態，讓豬或雞健康無虞地成長，沒有細菌、病毒殘留在體內。宰殺過程更是有嚴謹的處理，不論是台灣自己養殖的約克夏豬或者來自西班牙的伊比利豬，都可以在適當的醃漬、烹調之後，安心享用帕瑪火腿、或者六分熟的「粉紅肉」。

不過很遺憾的是，上述的完美情況在傳統市場很可能讓一切都化為泡影。在台灣，流動攤販或者開著發財車就賣起豬肉的攤販不少，而他們是許多主婦或民眾購買肉品的來源。這會是一大問題，首先我們不知道豬肉的來源為何？我懷疑豬肉掛在動輒30度的室溫底下超過一整天以後，到底會滋生多少奇妙的微生物，更別說車水馬龍的街上所排放出的廢氣了！光想到這個畫面就讓我心底發毛，這種肉就算是煮全熟，我都敬謝不敏！

而現在許多超市、肉販都開始注重品質管理，全程冷藏運送、包裝，讓消費者有更大的容錯空間，在家嘗試以往只有在餐廳才能進行的料理方式。這對愛下廚的人士來說，真是一大福音！

—— 克里斯丁

· 克里斯丁 ·

── 慢烤照燒龍膽石斑魚 ──

這道料理的照燒醬是用經典的醬油、味醂、清酒1：1：1的比例調成的。如果想使用一個自己喜歡的現成照燒醬也完全沒有問題！

這道料理的製作方式比較特別，是使用近年西餐非常流行的低溫烹調，它能夠將魚肉烹調至難以想像的綿滑柔軟，試過一遍就知道，並且會打破任何你對照燒魚的認知！

｜食材｜

鹽　適量	麻油　1/2湯匙	照燒醬　100毫升
檸檬　1顆	花椰菜　1/2朵	龍膽石斑魚塊　2尾
胡椒　適量	紅蘿蔔　1/2條	
芥末　1/2茶匙	橄欖油　1湯匙	

｜做法｜

① 把照燒醬、芥末、麻油、檸檬汁與檸檬皮混合均勻，製成醃料。

② 將石斑魚浸泡在醃料中，至少1～5小時，烹調時提前1小時取出，置於室溫之下。用平底鍋開中火煎上色後備用。

③ 烤箱以100度預熱，並將紅蘿蔔、花椰菜切成約3公分大小的塊狀，以橄欖油、鹽與胡椒調味後攪拌均勻，鋪在烤盤底部。

④ 把石斑魚放在烤盤中，將醃料倒入，但不要高過蔬菜。送入烤箱，烤40分鐘後即可盛盤享用。

｜料理小撇步｜

1. 這道料理適合使用魚塊或排狀的魚排，如果是輪狀切法，要稍微切厚一些，但效果可能會略差。

2. 做料理就是跟耐心賽跑，請抱持磨墨的心態，靜候接下來時間產生的魔法。

3. 對於主食，我的選擇絕對是一碗熱騰騰的白飯！搭配馬鈴薯泥、薯條或者油麵，我覺得也很不錯。

· 克里斯丁 ·

咖啡醃漬舒肥雞肉

我個人認為，咖啡粉絕對是最被低估的調味料之一！

一般來說我們都習慣直接把咖啡當飲料喝，但其實充滿可可香、烘焙、果香風味如此複雜的果實，絕對是肉類極佳的調味料。而雞肉是日常肉類中最適合跟咖啡互相協調出全新風味的蛋白質選擇。相信我，這是一趟值得嘗試的旅程。

| 食材 |

鹽 2匙	雞腿排 2份
大蒜 2顆	橄欖油 適量
芝麻 適量	咖啡粉 4湯匙
洋蔥 1/2顆	白胡椒 1湯匙
	融化奶油 100公克

| 做法 |

① 將大蒜、洋蔥切末，與咖啡粉、鹽、白胡椒以及融化奶油等醃料混合均勻。

② 把雞腿肉放入夾鏈袋中，倒入醃醬，稍微替雞腿肉按摩幾下，放入冰箱中醃漬至少8小時。醃漬完畢以後也可以直接冷凍儲存。

③ 將醃漬完畢的雞腿肉退冰回到常溫。

④ 料理前用廚房紙巾擦去多餘醃料，以少量鹽巴調味，裝入夾鏈袋或真空袋中，以67度舒肥1.5小時即完成。

| 料理小撇步 |

1. 這是一道適合預先做好、事後冷凍保存的料理，第二天上班上課時就不需要擔心囉！
2. 使用即溶咖啡粉也可以，但講究風味的人自然要用現磨的咖啡粉效果更好！

· 廚師漢克 ·

═ 零成本舒肥雞胸肉 ═

近年來健康意識與健身風潮的興起，也帶起了一波舒肥雞胸肉的市場戰爭，其實舒肥雞胸肉並不難做，但為了做舒肥雞胸肉，而去買台真空機與舒肥的加熱棒似乎太浪費了！而且我發現很多市售舒肥雞肉口感都過於乾柴，沒有舒肥肉類該有的多汁與軟嫩，所以當有些朋友問我該怎麼辦時，我想出了這個方法。不用舒肥機或真空包裝的零器材成本舒肥雞胸肉，簡單方便又美味！

| 食材 |

鹽 1/2匙　　米酒 1匙

薑片 3片　　雞胸肉 1片

蔥段 1支

| 做法 |

① 首先燒一鍋滾熱的水，並加入薑片、蔥段、米酒與鹽，煮1分鐘後關火，記得蓋上鍋蓋。

② 將雞胸肉從肉厚的部位橫向切開，讓不均勻厚的雞胸肉變成兩片平整的雞肉。

③ 將切開的雞胸肉放入做法①的水中並蓋上鍋蓋，計時10分鐘。

④ 10分鐘後打開鍋蓋，就是最接近舒肥雞的雞胸肉了！放涼撕開之後是鮮嫩可口的雞肉絲，拌點醬油與油蔥就是簡單的雞肉飯，也可以做成沙拉。泡雞肉的水煮滾之後放涼便可以跟雞肉一起冰在冰箱裡，超級方便！

| 料理小撇步 |

1. 在燜雞肉的水裡加入蒜頭與蔥段，雞肉泡熟之後，將雞肉取出，鍋內的水開大火煮滾，便是簡易的雞肉高湯了！這個高湯可以拿來煮湯麵，也可以把燜好的雞胸肉放在裡頭，這樣放進冰箱時雞肉也不會乾柴喔！

2. 雞胸肉可以拿來當沙拉的配料，燙個通心麵、配點蔬菜就能是個健康的麵沙拉，或是手撕成雞肉絲後，放在飯上淋一點醬油與油蔥，便是簡易版本的雞肉飯了！

·廚師漢克·

══ 油封雞腿 ══

油封，顧名思義，是用油封住東西。凡是肉或蔬菜與魚肉都可以拿來油封，油品的選擇從橄欖油、奶油、雞油、牛油、豬油都有人使用，可以針對不同的食材做選擇！我想大家最熟悉的油封料理就是法國的油封鴨腿，未經過長時間燉煮就堅韌難以入口的鴨腿，長時間低溫油封之後，居然絲絲分明且軟嫩無比，令人驚豔！不過鴨腿取得不易，這次就以大家都買得到的雞腿來當主角吧！

| 食材 |

糖 130公克　　　　百里香 少許　　　　現磨黑胡椒 少許

橄欖油 500公克　　帶骨雞腿 4支　　　粗顆粒海鹽 150公克

| 做法 |

① 將海鹽、糖、百里香與黑胡椒放在密封容器裡攪拌均勻。

② 將帶骨雞腿用做法①的混合物覆蓋均勻後，放進冰箱冷藏2小時。

③ 從冰箱取出，以生飲水洗淨，並用廚房紙巾擦乾。

④ 油封有兩個做法：

第一個是家裡沒烤箱的話，可以將雞油放在一個深湯鍋裡，融化後加熱。用溫度計測量，等到85度時轉最小火，將雞腿緩緩放進去，油封2～2.5小時，並隨時查看。

第二個是家裡有烤箱的話，挑一個可以放進烤箱的器皿，將雞油融化後與雞腿一起放進去，用140度烤2～2.5小時後取出。

| 料理小撇步 |

1. 雞腿大小會影響油封的時間，如果可以用筷子撕下雞肉，就代表熟了。
2. 沒有百里香的話，用九層塔也可以。
3. 若雞油取得不易，可用橄欖油代替。
4. 粗顆粒海鹽不能被其他東西替代，用一般精鹽醃製的話，由於顆粒太細小，會讓雞腿過度脫水，導致味道死鹹。

· 克里斯丁 ·

爆汁火烤雞

如果你出外露營，在營火堆上插著一隻烤雞，絕對會立馬成為制霸全場的焦點。烤雞要好吃，一定要多汁且熟度均勻，這不管是在野外或者室內都不見得是容易掌控的事情，所以一定要小心火候，且要不停地重複澆淋油脂才行。

| 食材 |

鹽 適量 　　　　　胡椒 適量

全雞 1隻 　　　　常溫奶油 400公克

大蒜 1球

| 做法 |

① 將大蒜去皮、搗成泥，與奶油充分混合，加點鹽適量調味。

② 手伸進雞肉與皮之間將其分離，小心不要弄破雞皮，並在雞皮與肉之間抹上厚厚一層奶油。

③ 將雞肉以鹽與胡椒調味，以繩子或叉子封口，並將全雞以棉繩綁緊。在室溫用電風扇把全雞表皮吹乾，費時約1.5小時，若在室外不方便可以省略。

④ 在雞肉表面均勻撒上鹽與胡椒，把大蒜塞進雞體內後置入烤箱，以220度預熱烤約20分鐘，再將溫度調低至180度烤約40分鐘，或是中心溫度達72度。

⑤ 準備約100公克奶油在烘烤過程中刷上迷迭香奶油數次，適時替雞肉轉向，確保烘烤均勻。

⑥ 出爐後靜置20分鐘再切開享用。

| 料理小撇步 |

1. 嘗試不同油脂，用橄欖油、澄清奶油或麻油，都可以替雞肉增添不同風味。

2. 吃不完沒關係，把剩肉刮下來，跟雞汁、雞油一起集中冷藏，3天內都可以加熱做成雞肉三明治或沙拉享用，同樣美味。

═ 七分熟厚切豬排 ═

豬排熟不熟這個議題在台灣依然是讓人爭論不下的食安問題，但隨著越來越多西餐引進不同的做法，其實也越來越多人知道豬肉其實是不用吃到全熟的，那到底是為什麼呢？

其實，只要是飼養品質優良且衛生、來源與屠宰方式清楚的豬肉，亦即是包裝緊閉，真空或是貼體包裝的，且附上生產履歷的豬肉，都是可以不用吃到全熟的，根據USDA與FDA的嚴格規定，只要豬肉中心溫度達到63度並且靜置超過3分鐘以上，就是一份安全可以食用的豬排，雖然切開肉會看到一絲絲的粉色，但別擔心，在63度以上烹調超過1分鐘，令人煩惱的豬旋毛蟲即會死亡！所以千萬別讓沒有根據的事實阻止你吃一份肥嫩多汁的豬排！之後再也不必看著令人難以下嚥的乾瘪瘪豬肉，帶點粉嫩顏色，同時又水嫩多汁，才是豬排應該要有的樣子！

| 食材 |

蒜頭 2顆	蔥薑蒜 少許	馬鈴薯 1顆	橄欖油 少許	鹽巴黑胡椒 少許
奶油 少許	油蔥酥 少許	九層塔 少許	豬腰內肉 1條	英式辣根醬 2湯匙

| 做法 |

① 起一鍋熱水，待水沸騰後加入蔥薑蒜與一小湯匙的鹽巴，煮1分鐘後關火。

② 將腰內肉上多餘的筋膜剔除後，丟入做法①的水裡，蓋上鍋蓋，計時20分鐘。

③ 此時將馬鈴薯去皮切成小塊狀後，以冷水沖洗馬鈴薯3次。

④ 燒熱一個平底鍋，加入橄欖油與奶油，下馬鈴薯丁炒香，直至表面金黃後加入切碎的九層塔與鹽巴黑胡椒調味，放置一旁備用。

⑤ 取出悶了15分鐘的腰內肉，以廚房紙巾擦乾表面水分後，燒熱平底鍋，下橄欖油煎香豬腰內肉，待四面金黃上色後，取出放置一旁，並靜置3分鐘。

⑥ 將豬腰內肉抹上白色的辣根醬，裹上酥脆的堅果或是油蔥酥後，切成三大塊，與更多的辣根醬與炒香的馬鈴薯丁擺盤即完成！

| 料理小撇步 |

這邊使用的方式跟泡雞胸肉的方式一樣，不用舒肥機與真空機就可以達到無限接近舒肥機的效果，由於燒開的熱水能讓豬肉瞬間殺菌，但沒有開火慢慢泡的方式，也能讓豬肉保持水嫩的狀態，最後上鍋煎出香味，即是一道美味的豬排了！

· 克里斯丁 ·

══ 低溫慢烤羊肋排 ══

羊肋排因為大家都比較少接觸，常常令人敬而遠之，但其實料理起來並不會比牛排複雜多少。我自己很喜歡使用低溫烤箱將羊肋排的風味慢慢逼出來，這大概是我做過最令我吮指回味的料理。我記得曾經做過這道菜給來我家吃飯的朋友，每個人都緊緊抓著，愛不釋手啊！

| 食材 |

糖　1茶匙	乾辣椒　適量
大蒜　3顆	橄欖油　2湯匙
海鹽　1/2湯匙	羊肋排　1份
紅椒粉　2茶匙	切碎綜合香草
黑胡椒　1茶匙	（迷迭香、薄荷、甜羅勒）　1/2杯

| 做法 |

① 將迷迭香、百里香、月桂葉、鼠尾草切碎。
② 將羊肋排置於烤盤中，撕下肋排背後的筋膜，並用刀劃十字紋。
③ 將綜合香草、大蒜、鹽、紅椒粉、胡椒、糖、乾辣椒與橄欖油放入調理機，打成醬汁。
④ 將醬料均勻抹在羊排上，放入冰箱醃漬2～3小時。
⑤ 烤箱以110度預熱，將醃漬好的羊排燒烤約2～3小時，直到中心溫度達到63度。
⑥ 靜置約15分鐘後，將羊排切開上桌，可以搭配食譜書中的自製青醬跟優格，味道絕對超乎想像！

| 料理小撇步 |

1. 這道料理成功的關鍵就是耐心，千萬不能心急，你的肚子會告訴你必須把烤箱溫度調高，加快烹煮速度，重點就是別聽它的！
2. 羊肋排肉質本身就很軟嫩、多汁，盡量別煮超過六分熟，不然味道乾柴就太可惜了！

這道料理是我向《五星主廚快餐車》的料理指導Roy Choi致敬的料理，他的料理風格正是這種介於韓式及美式之間的奇妙領域，柳橙汁更是他的招牌醃料。

一切秘訣就在那醃料當中！前期準備得宜，不論是牛小排、羊排或豬排都會讓所有賓客無比陶醉。

醃料食材		料理食材
水　適量	洋蔥　2顆	醋　適量
鹽　1湯匙	檸檬　1顆	櫛瓜　2條
糖　1.5～2湯匙	芝麻　2湯匙	檸檬　1顆
青蔥　3～4根	柳橙汁　1.5杯	優格　適量
麻油　1/4杯	黑胡椒　適量	白酒　適量
大蒜　8瓣	牛小排　1公斤	甜椒（青椒）　4顆
醬油　3/4杯		蔥油餅或蛋餅皮　8張

做法

① 將所有醃料食材倒入食物調理機攪拌均勻，並刨入檸檬皮及檸檬汁，另外裝出些許醃醬，並將帶骨牛小排放入剩餘醃醬中醃漬至少30分鐘。

② 醃料取出瀝乾後，即可放入150度低溫慢烤3小時，過程中適時刷上醃料增添風味。

③ 出爐後將牛肉取出靜置，切成方便入口的塊狀。

④ 將甜椒去籽後，與櫛瓜一起放上火爐，烤至焦痕明顯且熟度恰當後，取出放涼切成條狀。

⑤ 在碗中加入優格、白酒、醋及適量檸檬皮攪拌均勻，即完成醬汁。

⑥ 將蔥油餅放至爐上烤熱，包入烤過的蔬菜及牛肋排，上頭再淋上優格醬，即可捲起享用。

料理小撇步

1. 這份食譜適合各種肉類！雞、豬、牛、羊統統都可以大膽嘗試，保證讓你成為烤肉派對上最受歡迎的人。同一份醃料也可以分別醃漬不同肉類，效果一定也很讚。

2. 別搞得焦頭爛額：我知道，醃料食材很多，如果真的難備齊也不要太過恐慌，盡你可能地準備，就算少了幾樣食材也絕對還是很好吃的！

3. 火力控制要小心：建議先以大火讓牛排表面上色，再轉至小火區，讓中心溫度達到理想溫度。

✦ Chapter6 ✦

冰箱熟成

什麼是乾式、濕式熟成？

「乾式熟成」是把肉靜置於約攝氏1～4度、濕度50～85%的恆溫、恆濕，而且通風良好的環境之中。在這種環境下，牛排的外層會因為風乾而開始呈現乾癟、變色的情況，同時成為保護內部的肉質的外殼，能夠防止肉質的水分流失。牛肉內部的酵素酶會分解結締組織，使牛肉嫩化，並發展出不同於以往的深層風味。

「濕式熟成」則是因為冷藏技術跟真空包裝的發明才得以存在。利用真空包裝跟冷藏運送，牛肉可以將本身所內含的酵素進行熟成，不但可以避免產生硬殼，更可以保留肉汁，讓你吃到的牛排仍然非常juicy。

儘管濕式熟成無法產生像乾式熟成的那種獨特風味，但從經濟實惠的角度來看，絕對是能讓牛排蔚為流行的推手！因為它大幅降低了保存及品質控管的門檻，任何人只要去超市都可以買到好吃的牛排，自己在家料理。

任何對熟成肉品充滿熱情的肉舖或餐廳，一定都會有某些「獨門絕技」，不論是溫度、濕度的調控；肉與肉之間的間隔；是否擺上鹽磚增加礦物質風味，或者特別針對肉品環境培養特定微生物做出獨特風味，這中間的學問，可是花一輩子的時間都學不完啊！

—— 克里斯丁

風乾烤雞

講到烤雞，我認為湯瑪士‧凱勒（Thomas Keller）絕對是我心目中最屬害的烤雞大神。他在他的米其林一星餐廳Bouchon所供應的烤雞是我認為最接近完美的理想，所以我非常開心能夠分享我從他的做法中擷取出的精華，並且簡化為任何人在家裡想做就能做出來的料理。

| 滷水食材 |

水 4公升	月桂葉 3片
鹽 200公克	百里香 1/2把
全雞 1隻	顆粒胡椒 1/8杯
柳丁 4顆	
蜂蜜 1/4杯	
大蒜（橫面切開） 1球	

| 烤雞食材 |

鹽 少許
沙拉油 1/3杯
滷水醃漬全雞 1隻

| 做法 |

① 將全雞以外的滷水食材混合均勻，用上火煮滾後關火靜置放涼。

② 將整隻雞浸泡在滷水當中，確保從頭到尾完全浸泡，再放入冰箱醃漬8～12小時。

③ 醃漬完畢後，將雞肉完全擦乾，以棉繩綁緊，置於鐵網，放進冰箱冷藏風乾3天，直到表皮呈現透明色。請確保冰箱乾淨、沒有任何容易腐敗的食物。

④ 料理當天將雞肉取出靜置於常溫，並用電風扇吹至少2小時。

⑤ 替雞肉淋上沙拉油，並以鹽調味後放入烤箱烤20～25分鐘，直到表面呈金黃色。

⑥ 將烤箱溫度調至200度，烤盤轉向180度，再烤30～45分鐘，直到烤雞中心熟透（約攝氏70度）。

⑦ 取出烤雞，在常溫中靜置25分鐘即可切開享用。

| 料理小撇步 |

1. 如果能使用旋風烤箱會得到更均勻的熟度以及脆皮，但還是要記得替烤雞轉向翻面。

2. 滷水食材可以簡單，可以複雜。全看自己櫥櫃裡有哪些好料，或者這次想要走一個怎樣的風格。重點是辛香料、香草以及鹽巴顧到了，味道絕對不會差。

3. 食譜鹹度如果覺得太鹹，可以斟酌調整鹽巴用量。

· 克里斯丁 ·

═══ 味噌鮮味炸牛排三明治 ═══

鮮味是許多人可能不知道的第五味（酸、甜、苦、鹹、鮮、油脂），牛肉本身就是鮮味質極高的食材，但若再加上味噌又會把牛肉的風味拉高至另外一個層次，光想到這邊口水就又止不住了……

炸牛排三明治絕對是這幾年滿流行的一種「療癒料理」，是能夠極快速籠絡人心的無敵美食，肥美、多汁的牛排配上酥脆的外衣，真的不妨一試！

| 食材 |

雞蛋　1顆　　　　味噌　約100公克　　　日式麵包粉　3湯匙

麵粉　2湯匙　　　厚片吐司　4片　　　　日式豬排醬　2茶匙

紐約客牛排　2份

| 做法 |

① 將買回來的牛肉切成厚度、大小一致的牛排。

② 把每塊牛排均勻抹上味噌置於網格盤，放入冰箱冷藏2天。過程中記得保持冰箱內的空氣流通，減少雜物。

③ 2天過後，將牛排放入夾鏈袋後抽真空，或利用水壓法排出多餘的空氣。

④ 若要做出三分熟牛排，以55度低溫舒肥2小時。舒肥完畢以後完全擦乾，切成吐司大小的形狀。

⑤ 把塑型好的牛排裹上薄薄一層麵粉，沾蛋液，再均勻沾上日式麵包粉。

⑥ 將油炸鍋預熱至200度，把沾完麵包粉的牛排放入油炸，約30秒或至金黃上色即可。

⑦ 至少靜置5分鐘，讓牛排當中的水分充分回到肌肉纖維。同時將吐司烤到金黃上色，抹上日式豬排醬，放上牛排蓋上後稍微輕輕壓一下，對半切開即完成。

| 料理小撇步 |

1. 用料越單純的料理，食材本身的品質就越重要，騙不了人的！依照預算選擇牛肉來源以及上等的味噌，是這道料理能否脫穎而出的關鍵。

2. 掌握鹹度很重要，由於味噌本身味道就充滿鹹、鮮味，在風乾熟成的過程中味道會不斷滲入牛排。建議舒肥後試吃邊邊角角，如果味道不夠的話，再撒少許海鹽調味即可。

· 克里斯丁 ·

══ 威士忌熟成牛小排 ══

這道料理是我個人認為非常簡單，卻異常有效的料理方式。用短天數的熟成加深肉的風味，並且以酒精初步殺菌並調味，而且透過冰箱就能完成，何樂而不為？一開始聽到這個做法可能會有點難理解甚至無法接受，但只要試過一次就會發現它的神奇之處。

｜食材｜

大蒜 5顆	迷迭香 3枝
海鹽 少許	威士忌 少許
胡椒 少許	整塊去骨、切塊牛小排 約600公克

｜做法｜

① 將修整過後的牛排切成大約4公分厚，若想要維持原本形狀，事後再切也可以。

② 將牛排表層的水分完全擦拭乾淨。

③ 把牛排放上鐵網格，並在鐵網格下放一層烤盤，於牛排上面鋪上一大切片蒜與迷迭香。

④ 用噴霧器將威士忌在牛排上薄薄噴一層。

⑤ 把牛排放入攝氏約4度的冰箱中風乾熟成4天，過程中記得確保冰箱內空氣流通，以及沒有置放過多雜物。

⑥ 每天替牛排翻面，重新噴上威士忌。

⑦ 風乾熟成階段完畢後，將牛排放回室溫中至少3小時，切除外層發黑部分後再依照喜歡的方式料理（建議舒肥後煎或先烤後煎）。

｜料理小撇步｜

1. 用冰箱熟成的目的是減少表層水分，讓味道更凝聚，同時善用時間把威士忌等風味滲透進牛排裡。因為風乾的關係，肉的表層顏色會呈現紅寶石般的深紅色，放越多天，顏色越深，彈性也會漸漸變硬。

2. 而外層通常都是因為熟成的時間更長才需要切除，例如表層產生了堅硬的表皮，或者是為了培養獨特風味，而刻意在表面上安置特定菌種，這種情況才需要切除，若熟成時間只有5天的話，就不需要切除外層。

· 克里斯丁 ·

══ 熟成昆布旗魚 ══

日本高級生魚片店所供應的壽司，其實滿常使用「熟成魚」而非「新鮮魚」製作。
這個目的是為了要讓魚肉內的酵素持續與蛋白質發生作用，產生更多複雜且美味的
風味。

│ 食材 │

清酒　少許

乾昆布　1包

生魚片級 當季白旗魚（整塊）　300公克

│ 做法 │

① 將冷水浸泡後的昆布開火煮至微滾，稍微泡軟後撈出擦乾備用。
② 把買回來的白旗魚洗淨、去雜質，並用廚房紙巾完全擦乾。
③ 用噴霧器替白旗魚噴上一層清酒，以昆布緊裹，再包上廚房紙巾，裝入夾鏈袋
　 之中，冷藏2～3天。（建議夾鏈袋標註當天日期）
④ 每天更換廚房紙巾，第二天可將昆布丟棄。
⑤ 將熟成完畢的魚肉逆紋切成一口大小的生魚片，可以少許鹽巴、清爽類醬汁提
　 味即完成。

│ 料理小撇步 │

1. 這道料理要成功，非得使用新鮮且當季的魚種不可！白肉魚鐵質含量低，比紅肉魚更容
　 易成功。
2. 由於昆布品質不一，建議先泡冷水加熱至約70度殺菌後再使用。
3. 海鮮食品很怕變質，水分是造成腐敗的殺手，會接觸到魚肉的食材必須保持乾燥。
4. 在熟成過程中要盡可能全程保持低溫，減少魚肉置於常溫的時間，或是接觸到空氣。在
　 包裹過程中也要避免過度切割、分塊，否則會增加變質的機會。

芒果之於夏天，就好比火鍋之於冬天。在台灣，如果你愛吃芒果，你可真是生對國家了，我就是其中之一啊！記得當初在英國想吃顆像樣的芒果，還得跑跑中東人開的超商碰碰運氣，運氣好就會找到些很「高貴」的芒果，品質通常不大好，也不大香，更不紅潤，一顆卻要200多塊台幣，但思念台灣的我偶爾還是會腦弱地買個一顆來解解饞。不過現在人在台灣，寫這食譜時又是在水果美好、氣溫高漲的夏日，當然就要用些夏日的水果來做菜啊！富含豐富香氣與適當酸甜的芒果其實很適合拿來做肉品的醃製，加上高酵素鳳梨與木瓜的輔助，會讓一塊平常需要小心料理的戰斧豬排變得柔軟且多汁！趕快抓緊夏日的尾巴來試試看吧！

｜食材｜

蔥 1支	芒果 100公克	馬鈴薯 1顆
蒜 3顆	鳳梨 100公克	橄欖油 少許
薑 30公克	木瓜 100公克	戰斧豬排 500公克
奶油 50公克	醬油 30公克	鹽巴黑胡椒 少許

｜做法｜

① 首先，將芒果、鳳梨、木瓜、醬油、薑、蔥、蒜與橄欖油一起放到果汁機裡頭打勻之後，均勻地抹在戰斧豬排上後，進冰箱醃製入味2小時。

② 等待的時間，悠哉地開個酒看個影片後，再慢慢晃去廚房，將馬鈴薯去皮切成2公分小塊，放碗裡並在冷水下沖個3分鐘，之後取出瀝乾水分，取一平底鍋，下奶油與橄欖油熱鍋後，將馬鈴薯放入鍋內，以鹽巴黑胡椒調味，以小火慢慢煎香。

③ 待豬排醃製時間到，取出並把醃製料用廚房紙巾擦乾淨後，將煎至香脆的馬鈴薯取出，補上一點奶油與橄欖油，用同一個鍋子繼續煎豬排。開中小火慢慢煎，2分鐘翻一次面，翻5次後，蓋上鍋蓋，關火靜置10分鐘後即可與馬鈴薯一起享用！

｜料理小撇步｜

1. 這是一道相當夏日的菜，鳳梨木瓜皆含有能讓肉質軟化的酵素，加上芒果的酸甜風味，能讓原本有許多締結組織、需要久燉的戰斧豬排變得柔軟無比，簡單地慢煎靜置之後，搭配能吸附肉汁的馬鈴薯，絕對是道能簡單端出的大菜！

2. 醃製好的豬排已略有鹹味，請視個人口味添加鹽巴。

3. 請選用起碼2公分厚以上的豬排，這樣看起來才大氣，且能顯示出肉的口感。

· 廚師漢克 ·

══ 鴨胸生火腿沙拉 ══

曾經在一本書裡讀到一句話,露骨卻寫實。

「Make food like you make love.」

很簡短的一句話卻威力十足,身為廚師煮飯的時候腦子很簡單,因為九成九是煮給不認識的人吃,所以很難放入真正的感情,反而對於在家裡煮飯給另外一半、家人或是朋友吃的時候,比較能放感情。所以對我來說,如果在當廚師時放入適量的感情,就很重要了!畢竟,有感情的食物好吃多了,是吧?

那麼,如何放感情呢?耐心與時間,會是個很棒的開始,讓你做菜的時程拉長遠一些,讓時間去累積味道與風味,這道沙拉其實很簡單,難就難在你得等這鴨胸兩個禮拜……這種浪漫,得留給值得的人!

│ 食材 │

糖 160公克	鴨胸 2片	橄欖油 150公克
鹽 200公克	檸檬 1顆	綜合沙拉葉 200公克

│ 做法 │

① 一開始的製程跟前面章節介紹的醃製鴨胸一樣,鹽糖混合之後,均勻地覆蓋在鴨胸上,封上保鮮膜後,在冰箱裡讓它安穩地放上2天。

② 2天後取出,以生飲水洗淨並用廚房紙巾擦乾,再用紗布包著綑綁好後,就可以吊在乾淨的冰箱裡,熟成時間約是14天。

③ 14天後取出鴨胸,剪開線後便可切薄片食用,不管是搭配沙拉,或是單純吃,還是放在麵包上都很適合。

│ 料理小撇步 │

1. 此製程方式在衛生要求上相當高,所以在製作過程中,用消毒酒精消毒雙手與存放容器,還有存放的冰箱,都是相當重要的。

2. 熟成的參考時間為14天,但也可用重量去計算,比如說剛進冰箱時的鴨胸是200公克,我們希望它減少20～25%的重量,所以也就是當鴨胸熟成好的時候,重量會落在160公克左右。

3. 熟成好的鴨胸其實就跟火腿一樣,沒吃完的話,用保鮮膜包起來,存放在冰箱裡,可存放1個月左右。

═ Q & A ═

Q 請問兩位作者對於「相機先吃」有什麼看法呢？

克里斯丁：其實我對這件事情已經習慣了，特別是老婆每次吃飯的時候都會要先拍照，雖然一開始有點受不了，但後來就慢慢被同化到可以認同相機先吃的這項「不成文社會規範」。

廚師漢克：我的話要看當下狀態，假設是酒過三巡，然後突然有人說等一下，要拍個照，我就會覺得很奇怪，如果已經是酒醉狀況，我就不會想要相機先吃而是我先吃。
如果是在很文明的狀態，然後又是和一大群不熟的朋友吃飯的話，就另當別論了，但如果是很熟的朋友，我就不會希望讓相機先吃了。

克里斯丁：所以在你的觀念裡面，會覺得相機先吃有一點不禮貌嗎？

廚師漢克：我覺得是耶。但如果是邀請一群不熟的朋友吃飯，去的又是高級的餐廳，那我就會有心理準備，就是要拍照拍很久，但如果是去台菜餐廳，我就會覺得很奇怪，想說這有什麼好拍的，簡而言之，我對不同餐廳有不同期待啦。

克里斯丁：會有相機先吃這種狀況發生，好像是因為社群媒體發展的興起，大家都希望在自己的臉書或Instagram放好看的美食照片，其實站在KOL的方面看，這件事反而是有利於餐廳運作的，因為這是一種很好的宣傳的方式，那廚師漢克你本身也有開餐廳，難道不會稍微對這件事改觀嗎？

廚師漢克：不會耶，我覺得開餐廳是一回事，出去吃飯是另一回事，特別是對於壽命很短的食物來說，例如台味Carbonara跟燉飯，其實趕快吃比較好。

克里斯丁：的確，像是羊肋排那種熱騰騰上桌的菜，如果先拍才吃，最好吃的時間點都給相機吃了，非常可惜。

Q **目前大眾對於舒肥這件事還是有些微的抗拒，**
請問兩位對於舒肥法的普及度有什麼建議呢？

廚師漢克：大部分的人對舒肥的觀念是「不安全」，但其實只要調控好溫度跟時間，是完全沒問題的。

克里斯丁：沒錯，舒肥是個低溫烹調的手法，比較講究料理科學化的觀念，之前漢克跟我聊過，食物中心溫度只要達到62度，細菌基本上就會被殺死，吃了就不會有問題。但是在這個溫度，很多肉的顏色都維持在粉色，跟大眾基本觀念裡的「灰色的肉才是熟的」有落差，所以大眾才會比較抗拒吧。

廚師漢克：可能是之前舒肥技術沒那麼普及的時候，大家容易把「粉色的肉」和「肚子不舒服」聯想在一起，但現在舒肥技術成熟了，網路上也有很多相關數據，如果擔心舒肥不安全，可以上網找找看資料，然後參考那些數據去決定舒肥的時間和溫度。

Q **請問如果要把冰箱當熟成室的話，有哪些需要注意的地方，食材會不會容易壞掉或是讓冰箱有味道呢？**

克里斯丁：一直以來在網路上多多少少會有一些文章或是廚師分享類似的做法，不過我應該算是在台灣第一個把用冰箱做熟成拍成影片的人，而擔心冰箱會不會有味道的這個問題，其實之前在推出冰箱熟成室的影片底下，就已經有很多人在討論這件事了，我覺得掌握幾個簡單的原則，就不必擔心食材壞掉或是冰箱會不會有味道這件事。
處理食材最重要的就是溫度跟時間，在做冰箱熟成的時候，就是讓食材處在低溫的環境，只要低於攝氏3、4度，就是個細菌不太容易生長和繁殖的溫度區間，在這個狀態底下，食材就能保持相對穩定的狀態。
所謂產生味道，或是產生腐敗，那都可能是食物本身已經先接觸到汙染源了，而冰箱熟成的第一個條件，就是要避免汙染源的存放，所以絕對要避免在冰箱裡堆放食材或是塑膠袋，盡量保持冰箱的空間，不用到清空，但至少在製作熟成物的那一層，東西是要空的，底下那層的東西也要清出80%，然後在熟成過程中也要減少開關冰箱的次數，只要確保這幾項要點，冰箱熟成其實是很讓人放心的。

廚師漢克：補充一下，我個人認為會想要做冰箱熟成，大部分的人都是想要在最短的時間內獲得最好的成果，但大家都不是專業廚師，也沒有專業熟成冰箱，要用家用冰箱去達到專業級的濕度和溫度控制，是有點難度的，但如果可以保持一定的個人衛生習慣，冰箱熟成是一件非常值得嘗試的料理手法。

例如在做冰箱熟成時，不能隨便放喝過的手搖飲料進冰箱，因為上面的唾液都可能成為風險，還有一點很重要，這同時也是個專業廚房知識，就是生肉一定要放在最底層，無論是打開的或是包裝起來的，因為如果放在上層，有血水滴下來的話，整個冰箱都會被汙染。再來就是善用酒精，養成習慣在開關冰箱前先消毒雙手，避免將手上細菌帶進冰箱，只要冰箱是乾淨的，熟成物就會是乾淨的。

一般家用冰箱在排風性能方面可能不會像專業熟成冰箱那麼好，所以當你發現自己已經照著指示做了，但肉的顏色卻不如預期的話，那都是理所當然的，家用冰箱的成品肯定跟專業冰箱的有差距，不過無論怎樣，喜歡的話就去嘗試！

熟成品上面如果出現白色的黴，那是正常的，但如果出現的是綠色或其他顏色的黴，那就要丟掉囉！

克里斯丁：如果用鼻子聞，有很明顯地「不喜歡的味道」的話，那就是有狀況的，然後如果用家用冰箱做熟成的話，標準必須再拉高，所以如果熟成後的肉外面有因為脫水而結成硬塊的話，那都是必須切掉的喔，熟成天數也不能像專業冰箱一樣設定那麼長，最多3到5天就可以了。

Q 醃漬在台灣料理裡面算是滿常見的做法，請問兩位作者喜愛的醃漬食品有哪些呢？

廚師漢克：小時候我阿嬤做過很多醃漬食品，像是醃梅子、冬瓜、紫蘇梅，或是釀造醬油，我都很喜歡。

然後我在出國後才發現，國外一些米其林餐廳很喜歡做的釀造、醃漬食品，原來我阿嬤一直都在做，所以我覺得台灣本土的飲食文化很強，只是可能需要更多的傳承和保護。我尤其覺得台灣的醬油做的很好，最近也有很多很棒的醬油品牌出現。

這本食譜裡有一道醃製溏心蛋，食譜裡的醃漬汁其實可以運用在各種醃製蔬菜上面，例如蘆筍、菇類、櫛瓜、小黃瓜等等。醃製蔬菜的時候，當水煮滾了，就把菜放進去燙個十秒後撈起來，連著醃漬液體一起熱熱的放進罐子裡，把它倒扣，當罐內形成假性真空後，就是個很安全的狀態了，這是我在國外學到的一個很棒的萬用醃漬法。

克里斯丁：我小時候很喜歡吃金華火腿，而我最一開始對醃漬食品的印象，就是從金華火腿、烤香腸開始，我在食譜裡有一道醃漬培根，這道食譜是參考國外網站一些會自己去研究如何DIY培根的料理神人後寫出來的。

其實在家裡自己做培根，只要用很單純的鹽、糖和胡椒，就能夠帶出豬肉本身的味道，並且確保豬肉來源乾淨、優良，冰箱整潔，做出來的成品都會很成功，也會有自己的特色。

Q 請問料理在兩位的生活中扮演著什麼樣的角色呢？

廚師漢克： 對我來說，料理是對味道有了一定的記憶後，才會有的東西，而我對料理的記憶是來自我阿嬤。

其實我在離開家鄉後，餐餐都是吃外食，所以料理對我來說，一直都是個填飽肚子的東西，直到我大學接觸到傑米・奧利佛（Jamie Oliver），開始很笨拙地學著煮飯後，才發現，無論我煮的好不好吃，都會有人聚集，而只要有人聚集，就會有對話，然後就會有很多可能性，所以我很喜歡料理帶來的凝聚力。

對我來說，料理在我學習的前期時，是個凝聚人心的方式，在後期則是個撫慰人心的一件事情，很多人會問我說，你在廚房忙了一天，回到家還會煮飯嗎？我的回答很不一定，假如說我回到家還會想煮，那一定是為了某個人而煮。

所以我覺得料理需要有個「目的」，如果只是為了填飽肚子，其實沒有必要花那麼多時間跟心力去準備很特別的東西，一定是有個想要料理的想法，那個想法出來之後，料理才會開始變得特別，如果只是單純想填飽肚子的話，料理就會開始慢慢無趣起來，也會逐漸失去熱情。

克里斯丁： 剛漢克講到傑米・奧利佛，對我來說他也是個非常有影響力的啟蒙老師，因為我不是科班出身，也沒有在餐飲界打滾過，所以我一開始接觸料理是透過YouTube影片，我一直掛在嘴邊的YouDoer，也是透過影片自學的意思。

當初我在看了傑米・奧利佛的頻道後，感受到了料理所產生的魔力，因為他，我開始覺得做菜是一件很好玩、很開心，可以讓生活變得更有趣的事情。

如同廚師漢克講的那樣，料理不只是用來填飽肚子，而是可以讓人對生活更有熱情的一種媒介。

Q 如果要對完全不會料理的讀者說一句話，請問兩位會說些什麼呢？

廚師漢克： 其實我也不是科班出身，是後來自己費盡苦心才踏進專業廚房的，有滿多人問過我該如何開始學習料理，而他們通常都很害怕失敗，不過其實在做任何事情，最需要的就是失敗，但是如果夠喜歡這件事情，就不要害怕，要嘗試接受失敗，並樂在其中，而這份努力，也可以應用在很多事情上，所以只要對某件事抱有熱情，就放手去嘗試吧，不要害怕失敗，失敗才會帶來成功，沒有人可以在一開始就成功的！

克里斯丁： 要說一句話的話，我會說「先從喜歡上吃東西開始吧」。

如果完全不會做菜，很有可能是因為生活跟吃東西沒有太多的連結，如果可以從喜歡吃東西這件事情開始，就可以慢慢培養出對於料理的認識或興趣。台灣其實各式各樣的美食都

有，只要找到一個自己喜歡的菜色或是風格，就會對做菜產生好奇和動力，像我就是在看了很多國外料理影片之後，開始產生了做西式料理的欲望。

廚師漢克：沒錯，就是「喜歡」這兩個字，還有「不要害怕失敗」，只要掌握這兩個重點，就會在料理的路上找到自己，所產生出來的喜悅也會讓人非常滿足。

Q 兩位都是因為對料理有興趣，進而展開全新的事業，對此有什麼想分享的心路歷程嗎？

廚師漢克：我本身是學英文的，所以對於出國這件事情不怎麼害怕，雖然之後發現原來挑戰非常多，但是在國外感覺到的那種自由自在的氛圍是非常令人雀躍的。
很多年輕一輩的廚師問我該不該出國，我的回答都是：去！無論如何都去嘗試！很多人都有「但是」，我覺得那些都是後話，重點是自己想不想去，要知道，即便出去後失敗，也是人生中一個很棒的經驗，這些過往更會成為日後的養分。
我從來沒有後悔過出國，即便我曾經做過很多錯誤的決定，即便有些事情有點可惜，但我完全沒有後悔，只要做了決定，就不要後悔！

克里斯丁：我覺得就是一個YouDoer的概念，如果你心裡有個聲音叫你去嘗試從未做過的事，那就去做，因為能夠阻止你的，只有你自己。
而這本食譜的定位介於一般家常菜跟專業料理書之間，很適合對料理有熱情的人，可以比平常多踏出一步，但又不會太難攻破。每一個人都可以在這本書裡找到喜歡的菜，不會很難，卻又比一般料理更特別。

廚師漢克：沒錯，我們想分享的就是一本讓人看完之後會想做的、覺得自己能力可及的料理食譜書，每個人也一定可以在書裡找到自己的定番菜。
然後現在其實有越來越多人想踏入餐飲業，但我覺得真的要三思，目前台灣餐飲業現況不是很好，建議可以先去自己喜歡的餐廳、咖啡廳或是簡餐店工作三個月到半年，體驗看看，再決定要不要投入，如果覺得這是日後三五年想做的事情，那就放手一搏，如果有點猶豫，那就不要去做。

Q 如果死前能吃最後一道菜，兩位會選擇吃什麼呢？

廚師漢克：我很喜歡吃蛋，超級愛，所以什麼料理都無所謂，如果可以在死前吃到有半熟蛋或是有蛋黃流下來的料理，例如這本書裡的培根蛋奶麵，我就沒有遺憾了。

克里斯丁：我想吃的是紐西蘭皇后鎮一間很有名的漢堡，它的肉排非常好吃，牛肉風味非常濃厚，讓我永生難忘，所以我的last meal會是一份牛肉起士漢堡，或是任何一種好吃的漢堡。

Q 如果到荒島上只能各攜帶三樣食材和器具，
請問兩位會帶什麼？

廚師漢克：三樣食材，我覺得第一個最重要的就是鹽巴，因為我曾經吃過沒有鹽巴調味的魚，味道實在是很不ok，第二個是糖，在荒島生存，我覺得心靈層面的滿足比生理層面更重要，所以我會帶這兩種基本的調味品，第三個是一罐威士忌，在荒島上撐不住的時候可以喝一點！（笑）
器具的話一定要有刀，然後要是大把的砍刀，因為它也可以用在狩獵、砍柴上面，第二個是酒杯吧，因為儀式感是一定要有的，第三個是鑄鐵鍋，因為它很好用，要煮東西或是禦敵什麼的，都很適合。

克里斯丁：第一個食材我會選紅椒粉，我很喜歡這個調味料，這本書裡的韓式辣炒年糕也有加，第二個我會帶醬油，再來我會選泡麵。（笑）
器具的話，我會帶中式菜刀，因為它很萬用，第二個是鑄鐵深鍋，可以煮水，最後的話，我會選卡式爐，因為可以煮泡麵。（笑）

Q 請兩位推薦一道一定要做給心愛的人吃的「定番料理」！

廚師漢克：我覺得用料理來談戀愛是件很棒的事情，像是我在書裡提到的，如果可以在翻雲覆雨的隔天早晨，幫另一半煮一份歐姆蛋，不用做得很漂亮，只要有心意，效果一定都是卓越的。
如果要在食譜裡挑一道的話，我覺得是橘肉鮮蝦燉飯，因為燉飯在英語裡的意思是「labor of love」（付出很多愛的勞力），在做燉飯的時候，必須時時關照，不管是攪拌、加奶油或是控管時間，都需要很多心思，就像兩性關係一樣，所以我會推薦大家做燉飯給另一半吃。

克里斯丁：我覺得是蒜香橄欖油義大利麵，因為它用料單純、製作速度很快，每個人都可以做，是一道既簡約又豐富的料理。

詳細對談影片，請掃 QRcode

國家圖書館出版品預行編目資料

食驗煮義／克里斯丁、廚師漢克著. -- 初版. --
臺北市：平裝本，2020.9 面；公分. --
（平裝本叢書；第 0511 種）(iDO；102)
ISBN 978-986-99445-1-9（平裝）

427.1   109012955

平裝本叢書第 0511 種

iDO 102

食驗煮義

克里斯丁&廚師漢克的創意廚房
讓你隨心所欲做出50道超美味料理

作　　者─克里斯丁、廚師漢克
發 行 人─平雲
出版發行─平裝本出版有限公司
　　　　　台北市敦化北路 120 巷 50 號
　　　　　電話◎ 02-27168888
　　　　　郵撥帳號◎ 18999606 號
　　　　　皇冠出版社（香港）有限公司
　　　　　香港上環文咸東街 50 號寶恒商業中心
　　　　　23 樓 2301-3 室
　　　　　電話◎ 2529-1778　傳真◎ 2527-0904
總 編 輯─龔橞甄
責任編輯─謝恩臨
美術設計─嚴昱琳
著作完成日期─ 2020 年 5 月
初版一刷日期─ 2020 年 9 月

法律顧問─王惠光律師
有著作權 ・ 翻印必究
如有破損或裝訂錯誤，請寄回本社更換
讀者服務傳真專線◎ 02-27150507
電腦編號◎ 415102
ISBN ◎ 978-986-99445-1-9
Printed in Taiwan
本書定價◎新台幣 380 元／港幣 127 元

●皇冠讀樂網：www.crown.com.tw
●皇冠 Facebook：www.facebook.com/crownbook
●皇冠 Instagram：www.instagram.com/crownbook1954
●小王子的編輯夢：crownbook.pixnet.net/blog